中国地质大学（武汉）实验教学系列教材
中国地质大学（武汉）实验技术研究经费资助出版

虚拟桌面操作系统的原理和应用

XUNI ZHUOMIAN CAOZUO XITONG DE YUANLI HE YINGYONG

王 宏 主编
简碧园 王翰韬 吴光斌 罗元胜 副主编

内容简介

本书系统地阐述了桌面云技术的基本原理和在教学中的具体应用。根据云计算的理论和技术，阐述了虚拟化系统的安装、网络调试、模板创建、虚拟机分配、系统升级等问题。结合几个主流桌面云产品，详细分析了几个桌面云系统在大学公共计算机房和专业机房的实施过程，介绍了实验室的软、硬件配置，建设思路以及系统的运行和维护情况，总结了应用中积累的一些经验体会。

本书可作为高等院校和职业技术教育计算机专业的实习和课程设计教材，也可供从事桌面云技术的专业人员参考。

图书在版编目(CIP)数据

虚拟桌面操作系统的原理和应用/王宏主编．—武汉：中国地质大学出版社，2018.3
中国地质大学（武汉）实验教学系列教材
ISBN 978-7-5625-4292-6

Ⅰ.①虚…
Ⅱ.①王…
Ⅲ.①虚拟处理机-高等学校-教材
Ⅳ.①TP338

中国版本图书馆 CIP 数据核字(2018)第107311号

虚拟桌面操作系统的原理和应用　　王　宏　主　编

责任编辑：张旻玥　　责任校对：徐蕾蕾

出版发行：中国地质大学出版社（武汉市洪山区鲁磨路388号）　　邮政编码：430074
电　话：(027)67883511　　传　真：67883580　　E-mail：cbb@cug.edu.cn
经　销：全国新华书店　　http://cugp.cug.edu.cn

开本：787mm×1092mm 1/16　　字数：288千字　　印张：11.25
版次：2018年3月第1版　　印次：2018年3月第1次印刷
印刷：武汉市籍缘印刷厂　　印数：1—1 000册

ISBN 978-7-5625-4292-6　　定价：35.00元

如有印装质量问题请与印刷厂联系调换

中国地质大学(武汉)实验教学系列教材

编委会名单

主　任: 刘勇胜

副主任: 徐四平　殷坤龙

编委会成员:(以姓氏笔画排序)

文国军　朱红涛　祁士华　毕克成　刘良辉

阮一帆　肖建忠　陈　刚　张冬梅　吴　柯

杨　喆　金　星　周　俊　章军锋　龚　健

梁　志　董元兴　程永进　窦　斌　潘　雄

选题策划:

毕克成　李国昌　张晓红　赵颖弘　王凤林

前　言

近年来，桌面虚拟化的部署和实施正在大幅增长，在教育行业包括中等教育、高等教育行业日益普及。集中管理、方便维护、灵活部署、数据共享、安全等是推动教育界实施桌面虚拟化来构建全新教学、科研环境的主要驱动。就目前桌面云的技术特点来看，桌面云技术在需求相对简单的中小学具有明显的优势，能够满足办公、上网、多媒体教学的需求。替代个人计算机系统的趋势已经不可逆转。但在大学的科研、教学中，桌面云技术完全替代个人计算机的时代还没有完全到来，主要部署于公共机房，尚有广阔的应用空间需要拓展。由于技术高端、复杂，应用单位缺乏足够的人力和技术部署、维护桌面云系统，从而影响桌面云系统的正常运行。因此，不难看出，普及桌面云技术是推动这一技术不断发展的重要方面。

目前市场上缺乏桌面云的技术培训资料，现有的资料多为公司提供的技术手册，内容集中于产品介绍、参数说明等方面，晦涩枯燥，很难让读者在短时间内对该技术有一个全面系统的了解。另外一些宣传资料，形象化的描述居多，但往往带有浓重的商业宣传气息，并不涉及具体的技术内容。本书就是为了改善这种现状而编写的一本教材。

本书共分九章。第一章概述云计算的概念、由来、发展趋势、功能特点以及基本结构。第二章介绍虚拟化的历史和发展趋势，虚拟化技术的概念和特点。详细阐述了服务器虚拟化、桌面虚拟化、存储虚拟化、网络虚拟化的原理、基本功能、技术特点和它的发展趋势。第三章首先，从比较、分析的角度，阐述了服务器虚拟化、桌面虚拟化的异同，具体讲述了服务器虚拟化的关键技术和主流产品，包括 CPU 虚拟化、内存虚拟化、设备、I/O 和网络虚拟化以及实时迁移等技术。其次，分析了桌面虚拟化关键技术以及影响桌面虚拟化的主要因素。最后探讨桌面虚拟化的几个衡量标准。第四章论述桌面虚拟化的主流平台和协议。第五章介绍桌面虚拟化技术在图书馆、公共机房、多媒体教室中的应用以及校园私有云的发展。第六章介绍青葡萄桌面虚拟化技术在教学中的应用，具体介绍了桌面云系统的软、硬件配置，实施过程。第七章详细介绍噢易桌面云系统的使用，结合具体系统，介绍虚拟化系统的安装、网络调试、模板创建、虚拟机分配、系统升级等问题。第八章介绍中国地质大学(武汉)云计算的实施案例。附录中给出本书使用的关键术语，方便读者阅读。本书在内容的安排上力求深入浅出，强调实用性和先进性，尽可能给出图片和案例参数。

在本书的编写过程中，参考了相关的技术资料和书籍，书中一一列出，在此一并表示感谢。

编写过程中得到了中国地质大学(武汉)自动化学院、深圳青葡萄有限公司和武汉噢易云计算股份有限公司的资助和技术支持。魏明月工程师、韩艳玲、罗元胜、吴有才老师，韩康、何迪硕士都给予了热情的支持，在此一并表示衷心的感谢。

由于编者水平有限，书中难免会有不妥之处，恳请读者批评指正。

编　者

2017 年 10 月

目　录

第一章　云计算的起源和发展

第一节　云计算概述

一、云计算概念由来

虽然目前大部分公众认为云计算这个概念是由我们熟知的 Google(谷歌)公司提出的,但是,早在 20 世纪 60 年代,云计算最初的模型已经出现了。这个最初的模型,是由美国著名的咨询公司 John McCarthy(麦肯锡)提出的,即把计算能力作为一种像水和电一样的公用事业提供给用户。

1999 年 IBM 提出了通过一个网站向企业提供企业级的应用的概念,这在云计算的发展史中具有里程碑的意义。

"云计算"这个名称最早来源于 Dell(戴尔)的数据中心解决方案,戴尔在 2007 年 6 月初发布的第一季度财报里面提到"组建新的戴尔数据中心解决方案部门(Dell Data Center Solution Division),提供戴尔的云计算(Cloud Computing)服务和设计模型,使客户能够根据他们的实际需求优化 IT 系统架构"。

真正将"云计算"名称叫响的是亚马逊 EC2 产品和 Google-IBM 分布式计算项目。

2006 年美国 Amazon (亚马逊)公司开发了 EC2 产品,是目前为止公认最早的云计算产品,当时将其命名为"Elastic Computing Cloud"即弹性计算云,流传到后来就称为"Cloud Computing"。

2007 年 10 月初,IBM 和 Google 联合与美国的 6 所大学签署协议,提供在大型分布式计算系统上开发软件的课程和支持服务,希望通过该项研究使得研究人员和学生获得开发网络级应用软件的经验。

这也就是所说的新的并行计算(也叫云计算),从此"云计算"作为 IT 业的一个新的概念被提出。

二、云计算的内涵

关于云计算的精确定义,国内外当前仍然缺少一致的说法。以下罗列了一些不同的定义。

云计算实质是基于网络的超级计算模式。云计算基地把大量的电脑和服务器连在一起形成一片"云",用户无论在何时何地无需通过基地工作人员就可以利用个人电脑、手机等客户端连接到云,在云平台增加和删减所需资源,达到资源的有效利用。它的计算能力达到每秒数亿万次以上。

云计算把大量软硬件基础设施整合封装成资源池,用户根据需要从数据中心获得各种服务。

云计算是网络转化为服务的计算方式,用户无需了解这些服务提供的原理及物力资源,即使没有设备操作能力,仍可以在界面操作,通过网络连接到数据中心,完成自己的工作。

云计算是将海量的计算机连接在一起,组成大规模的资源池,经过虚拟技术,将应用程序、网络资源等通过互联网提供给用户的技术模式。系统虚拟化的最高成就就是云计算。

它是一种计算模式,由计算单元、存储设施、应用软件等组成共享的数据中心,它能帮助客户访问该数据中心,特点是:随时、随地、按需、便捷、高效。

它是一种以互联网为基础的计算模式,通过这种模式,资源可以按需提供给电脑和其他终端设备,这些资源是虚拟的、弹性化的,用户可以按需付费使用。

它是基于并行式处理、分布式计算发展起来的一种商业服务系统。"云"是由大量的计算机、服务器组成的虚拟资源池。云提供统一的资源,根据服务等级协议,动态提供给用户。

综上所述,从技术层面看,云计算是一种动态的、易扩展的,基于互联网,利用虚拟化技术为不同用户提供服务的计算模式,是基于多项计算机技术开发出来的。从需求层面看,用户通过客户界面接口就可以访问硬件、存储设备、应用软件等组成的资源池,对于资源池的具体物理位置及所用相关技术不需要去了解,访问端接到请求后自动分配资源。由此可知,云计算开展动态的、易扩展的弹性化业务,用户也可以在云的基础上完成存储、开发、传输等业务。此外,云计算之所以发展迅速与它一直以来所遵循的"按需计费"的原则、推行即买即卖的服务模式有关。

云计算是在并行计算、分布式计算和网格计算的基础上发展而来的。云计算和网格计算并没有过于明显的区别,两者均可以看成是并行计算和分布式计算技术衍生出来的概念。二者的差异主要表现在对资源的组织、分配和使用上的不同,云计算更强调虚拟化、灵活地使用资源。

1. 并行计算

并行计算(Parallel Computing)是指同时使用多种计算机资源解决计算问题的过程,为了更快速地解决问题,更充分地利用计算机资源而出现的一种计算方法。其缺点是:将被解决的问题划分出来的模块是相互关联的,如果其中一块出错,必定影响其他模块,再重新计算就降低了运算效率。

2. 分布式计算

分布式计算(Distributed Computing)是利用互联网上众多的闲置计算机能力将其联合起来解决某些大型计算问题的一门学科。与并行计算同理,也是把一个巨大的计算机能力才能解决的问题分成很多部分,再分配给多个计算机处理,最终将结果汇总。与并行计算不同的是,分布式计算所划分的任务相互之间是独立的,某一个小任务的出错不会影响其他任务。

3. 网格计算

网格计算(Grid Computing)是专门针对复杂科学计算的新型计算模式,它把互联网上的众多计算资源整合成一台虚拟的超级计算机,再将以 CPU 为主的各种资源联系在一起,从而达到资源共享的目的。

可以说,网格计算是将互联网内所有人的计算机组成一个供你个人使用的超级处理器,而分布式计算就是你和其他人一起组成的一个超级处理器。

通常来看,云计算与网格计算的目标非常相似。

但是云计算和网格计算等传统的分布式计算也有着较明显的区别:首先云计算是弹性的,即云计算能根据工作负载大小动态分配资源,而部署于云计算平台上的应用需要适应资源的变化，并能根据变化做出响应；其次，相对于强调异构资源共享的网格计算，云计算更强调大规模资源池的分享，通过分享提高资源复用率，并利用规模经济降低运行成本；最后，云计算需要考虑经济成本，因此硬件设备、软件平台的设计不再一味追求高性能，而要综合考虑成本、可用性、可靠性等因素。

三、云计算基本特征

云计算技术具有降本增效、资源共享、高拓展性、快速交付、高可靠性、方便快捷和按需服务等特点，其特征概括为以下几条。

(1)弹性化业务。云计算动态扩展规模，快速高效适应用户的需求。也就是说用户可以按需购买及使用服务，也可以按需撤销和删除资源，避免了服务器超荷而导致的服务质量下降和资源浪费。

(2)虚拟化。虚拟化技术是云计算的重要组成部分，它把服务器虚拟为多个性能可配的虚拟机以便对超大规模集群中的虚拟机进行统一部署、调控及管理。当物理机负载超荷时，可以通过虚拟机在线迁移技术(在线状态下，从一台物理机迁移到另外一台物理机)达到负载均衡。

(3)资源池化。网络、服务器、存储设备、应用程序和服务等这些资源以共享资源池的形式统一部署和管理。资源池拥有者将资源通过虚拟化技术共享给不同使用者。资源的部署、管理与分配方法对用户实行透明化。用户可以像使用水、电、煤气等公共基础设施一样，用多少买多少，方便快捷。

(4)动态分配。用户可以根据自己的使用量动态调用应用软件、基础设施、平台运行环境等资源，这些资源是作为一种服务向使用者提供，不需要专业的管理人员辅助用户。云计算提供商有强大的服务管理层，统一优化管理数据中心。“云”实际就是一个功能多、服务全的资源池。

(5)服务计费。云计算的“即买即用”服务模式是一大业务特色。用户根据租用资源量的大小来支付费用，达到节省资源和费用的目的。

(6)方便接入。用户可以利用多种终端设备(如电脑、笔记本电脑、智能手机或者其他智能终端)通过网络，连接到“云”。用户无需知道服务器的具体物理位置及结构，便能即时地通过网络获得服务。

(7)高可靠性。“云”使用了多种安全措施来保障服务的高可靠性，比本地计算机更可靠。

四、云计算体系架构

云计算可以按需提供弹性资源，它的表现形式是一系列服务的集合。结合当前云计算的应用与研究，其体系架构可分为核心服务、服务管理、用户访问接口三层，如图1-1所示。

核心服务层将硬件基础设施、软件运行环境、应用程序抽象成服务，这些服务具有可靠性强、可用性高、规模可伸缩等特点，满足多样化的应用需求。

服务管理层为核心服务提供支持，进一步确保核心服务的可靠性、可用性与安全性。

用户访问接口层实现端到云的访问。

1.核心服务层

云计算核心服务通常可以分为3个子层：基础设施即服务层(IaaS，Infrastructure as a Service)、平台即服务层(PaaS，Platform as a Service)与软件即服务层(SaaS，Software as a

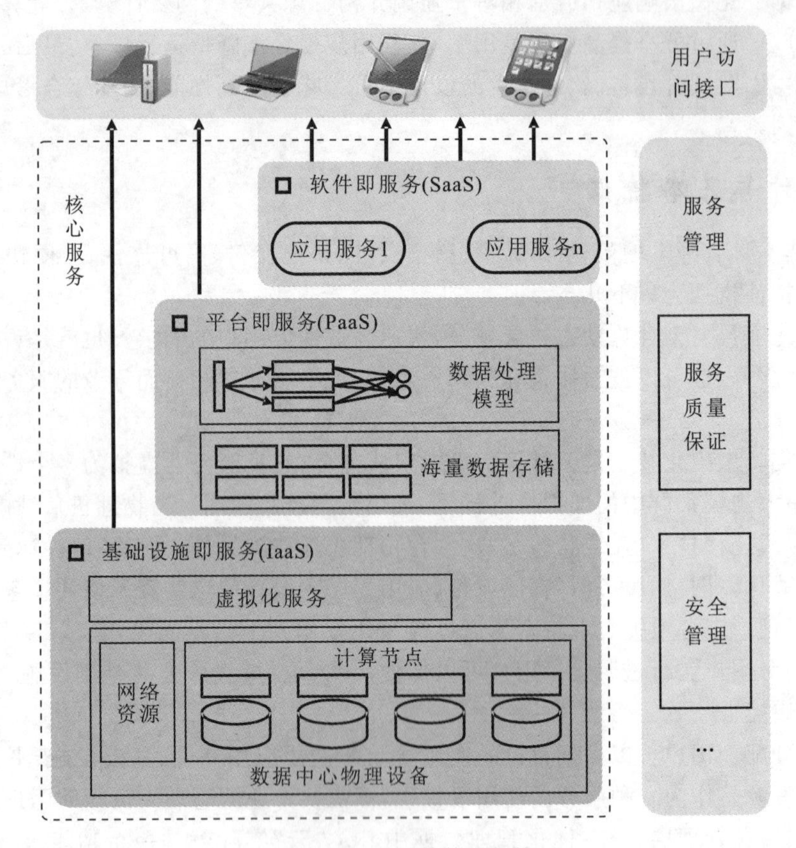

图 1-1　云计算体系架构

Service)。

IaaS 提供硬件基础设施部署服务,为用户按需提供实体或虚拟的计算、存储和网络等资源。在使用 IaaS 层服务的过程中,用户需要向 IaaS 层服务提供商提供基础设施的配置信息,运行于基础设施的程序代码以及相关的用户数据。由于数据中心是 IaaS 层的基础,因此数据中心的管理和优化问题近年来成为研究热点。另外,为了优化硬件资源的分配,IaaS 层引入了虚拟化技术。借助于 KVM、Xen、VMware 等虚拟化工具,可以提供可靠性高、可定制性强、规模可扩展的 IaaS 层服务。

PaaS 是云计算应用程序运行环境,提供应用程序部署与管理服务。通过 PaaS 层的软件工具和开发语言,应用程序开发者只需上传程序代码和数据即可使用服务,而不必关注底层的网络、存储、操作系统的管理问题。由于目前互联网应用平台(如 Facebook、Google、淘宝等)的数据量日趋庞大,PaaS 层应当充分考虑对海量数据的存储与处理能力,并利用有效的资源管理与调度策略提高处理效率。

SaaS 是基于云计算基础平台所开发的应用程序。企业通过租用 SaaS 层服务解决企业信息化问题,如通过 GMail 建立属于该企业的电子邮件服务。该服务托管于 Google 的数据中心,企业不必考虑服务器的管理、维护问题。对于普通用户来讲,SaaS 层服务将桌面应用程序迁移到互联网,实现应用程序的泛在访问。

2. 服务管理层

服务管理层对核心服务层的可用性、可靠性和安全性提供保障。服务管理包括服务质量（QoS，Quality of Service）保证和安全管理等。云计算需要提供高可靠、高可用、低成本的个性化服务。然而云计算平台规模庞大且结构复杂，很难完全满足用户的 QoS 需求。为此，云计算服务提供商需要和用户进行协商，并制定服务水平协议（SLA，Service Level Agreement），使得双方对服务质量的需求达成一致。当服务提供商提供的服务未能达到 SLA 的要求时，用户将得到补偿。此外，数据的安全性一直是用户较为关心的问题。云计算数据中心采用的资源集中式管理方式使得云计算平台存在单点失效问题。保存在数据中心的关键数据会因为突发事件（如地震、断电等）、病毒入侵、黑客攻击而丢失或泄露。根据云计算服务特点，研究云计算环境下的安全与隐私保护技术（如数据隔离、隐私保护、访问控制等）是保证云计算得以广泛应用的关键。

除了 QoS 保证、安全管理外，服务管理层还包括计费管理、资源监控等管理内容，这些管理措施对云计算的稳定运行同样起到重要作用。

3. 用户访问接口层

用户访问接口实现了云计算服务的泛在访问，通常包括命令行、Web 服务、Web 门户等形式。命令行和 Web 服务的访问模式既可为终端设备提供应用程序开发接口，又便于多种服务的组合。Web 门户是访问接口的另一种模式。通过 Web 门户，云计算将用户的桌面应用迁移到互联网，从而使用户随时随地通过浏览器就可以访问数据和程序，提高工作效率。虽然用户通过访问接口使用便利的云计算服务，但是由于不同云计算服务商提供接口标准不同，导致用户数据不能在不同服务商之间迁移。

为此，在 Intel、Sun 和 Cisco 等公司的倡导下，云计算互操作论坛（CCIF，Cloud Computing Interoperability Forum）宣告成立，并致力于开发统一的云计算接口（UCI，Unified Cloud Interface），以实现"全球环境下不同企业之间可利用云计算服务无缝协同工作"的目标。

第二节　基础设施即服务层（IaaS）

一、IaaS 软件体系架构

IaaS 软件位于云计算服务的最底层，此类软件向用户提供虚拟机、虚拟存储和虚拟网络等基础设施资源。

以开源软件为例来说，现有开源软件支持的 IaaS 体系结构大体上可分为两种，一种是以 Open-Nebula、Nimbus 和 ECP 等软件为代表的两层体系结构，如图 1－2 所示。

两层体系结构分为控制层和工作节点层，其中控制层由云控制器和存储系统构成，工作节点层由一系列的工作节点构成。

云控制器是客户端与云计算平台通信的接口，对整个平台的工作节点实施调度管理，其组件大致包括云端接口、平台组件管理器、调度器、监控器、用户管理器、存储管理器和网络管理器。存储系统用于存储平台中所用到的映像文件。客户端（用户和云计算平台管理员）可以通过命令行和浏览器接口访问云计算平台。云端接口将来自客户端的命令转换成整个平台统一识别的模式，平台组件管理器管理整个平台的组件。监控器负责监控各个工作节点上资源的使用情况，为

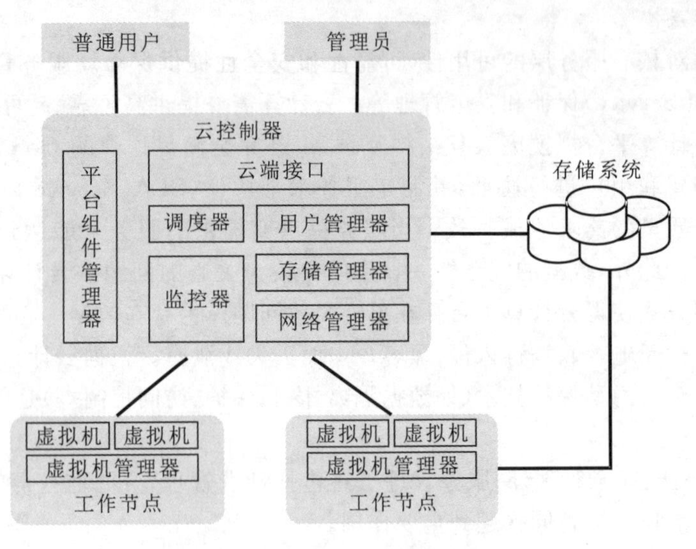

图 1-2　IaaS 两层体系结构

调度器调度工作节点和平台实施负载均衡提供参考。用户管理器对用户身份进行认证和管理。存储管理器与具体的存储系统相连,用于管理整个平台的映像、快照和虚拟磁盘映像文件等。网络管理器负责整个云计算平台里的虚拟网络的管理,包括 VLAN 和 VPN 等。

工作节点上运行虚拟机管理器(VMM,如 KVM、VMware、Xen 等),用户可以在这些 VMM 上部署 VM 实例,并在 VM 上建立软件环境和应用。同时平台可以通过 VMM 来管理 VM 实例,如 VM 的挂起和迁移等。通过使用 VM,用户便可以享受到云计算平台所提供的基础设施服务。

另外一种是以 Eucalytus 和 Xen Cloud 等软件为代表的三层体系结构,如图 1-3 所示。

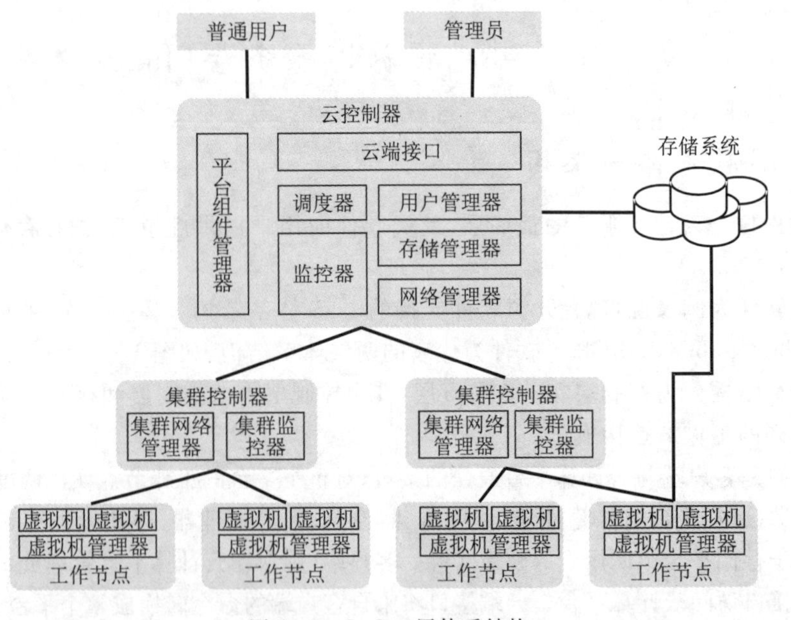

图 1-3　IaaS 三层体系结构

单从体系结构图来看，三层体系结构与两层体系结构的主要区别是增加了一个集群控制节点中间层，该层的作用主要有三个方面。

(1)控制相应集群中的网络管理情况，一般会在集群节点上建立起该集群的 DHCP 和 DNS 服务器。

(2)监控该集群的 DHCP 和 DNS 服务器，群中节点的资源使用情况并将监控到的结果向上层的云控制器汇报，云控制器对底层的工作节点的调用要以集群控制节点监控到的信息为参考。

(3)充当路由器的功能，当两个集群间的工作节点通信时，它们通过双方的集群控制节点进行通信。

从功能角度来看，相对于两层体系结构而言，三层体系结构具有更好的扩展性。在两层体系结构中，云控制器直接管理工作节点，这种直接管理方式使得云控制器对 VM 的部署速度更快。在三层体系结构中，由集群控制节点与工作节点直接通信，工作节点通过集群控制节点与云控制器进行通信，云控制器通过中间层集群控制节点来负责对工作节点的调度，这样缓解了云控制器的开销，增强了整个平台的扩展性。

二、IaaS 软件关键技术

IaaS 层是云计算的基础。通过建立大规模数据中心，IaaS 层为上层云计算服务提供海量硬件资源。同时，在虚拟化技术的支持下，IaaS 层可以实现硬件资源的按需配置，并提供个性化的基础设施服务。

基于以上两点，IaaS 层主要研究以下 2 个问题。

(1)如何建设低成本、高效能的数据中心。

(2)如何拓展虚拟化技术，实现弹性、可靠的基础设施服务。

1. 数据中心相关技术

数据中心是云计算的核心，其资源规模与可靠性对上层的云计算服务有着重要影响。Google、Facebook 等公司十分重视数据中心的建设。在 2009 年，Facebook 的数据中心拥有 30 000 个计算节点，截至 2010 年，计算节点数量更是达到 60 000 个；Google 公司平均每季度投入约 6 亿美元用于数据中心建设，其中仅 2010 年第四季度便投入了 25 亿美元。

与传统的企业数据中心不同，云计算数据中心具有以下特点。

(1)自治性。相较传统的数据中心需要人工维护，云计算数据中心的大规模性要求系统在发生异常时能自动重新配置，并从异常中恢复，而不影响服务的正常使用。

(2)规模经济。通过对大规模集群的统一化标准化管理，使单位设备的管理成本大幅降低。

(3)规模可扩展。考虑到建设成本及设备更新换代，云计算数据中心往往采用大规模高性价比的设备组成硬件资源，并提供扩展规模的空间。

基于以上特点，云计算数据中心的相关研究工作主要集中在以下两个方面。

(1)研究新型的数据中心网络拓扑，以低成本、高带宽、高可靠的方式连接大规模计算节点。

目前，大型的云计算数据中心由上万个计算节点构成，而且节点数量呈上升趋势。计算节点的大规模性对数据中心网络的容错能力和可扩展性提出挑战。

然而，面对以上挑战，传统的树型结构网络拓扑存在以下缺陷：首先，可靠性低，若汇聚层或核心层的网络设备发生异常，网络性能会大幅下降；其次，可扩展性差，因为核心层网络设备的端口有限，难以支持大规模网络；再次，网络带宽有限，在汇聚层，汇聚交换机连接边缘层的网络带宽远大于其连接核心层的网络带宽，所以对于连接在不同汇聚交换机的计算节点来说，它们的网络通信容易受到阻塞。

为了弥补传统拓扑结构的缺陷，研究者提出了 VL2、PortLand、DCell、BCube 等新型的网络拓扑结构。这些拓扑在传统的树型结构中加入了类似于 MESH 的构造，使得节点之间连通性与容错能力更高，易于负载均衡。同时，这些新型的拓扑结构利用小型交换机便可构建，使得网络建设成本降低，节点更容易扩展。

(2)研究有效的绿色节能技术，以提高效能比，减少环境污染。

云计算数据中心规模庞大，为了保证设备正常工作，需要消耗大量的电能。据估计，一个拥有 50 000 个计算节点的数据中心每年耗电量超过 1×10^8 kW · h，电费达到 930 万美元。因此需要研究有效的绿色节能技术，以解决能耗开销问题。实施绿色节能技术，不仅可以降低数据中心的运行开销，而且能减少二氧化碳的排放，有助于环境保护。

2. 虚拟化技术

数据中心为云计算提供了大规模资源。为了实现基础设施服务的按需分配，需要研究虚拟化技术。虚拟化是 IaaS 层的重要组成部分，也是云计算的最重要特点。

虚拟化技术可以提供以下特点。

(1)资源分享。通过虚拟机封装用户各自的运行环境，有效实现多用户分享数据中心资源。

(2)资源定制。用户利用虚拟化技术，配置私有的服务器，指定所需的 CPU 数目、内存容量、磁盘空间，实现资源的按需分配。

(3)细粒度资源管理。将物理服务器拆分成若干虚拟机，可以提高服务器的资源利用率，减少浪费，而且有助于服务器的负载均衡和节能。

基于以上特点，虚拟化技术成为实现云计算资源池化和按需服务的基础。为了进一步满足云计算弹性服务和数据中心自治性的需求，需要研究虚拟机快速部署和在线迁移技术。

(1)虚拟机快速部署技术：为了简化虚拟机的部署过程，虚拟机模板技术被应用于大多数云计算平台。虚拟机模板预装了操作系统与应用软件，并对虚拟设备进行了预配置，有效减少虚拟机的部署时间。

然而虚拟机模板技术仍不能满足快速部署的需求：一方面，将模板转换成虚拟机需要复制模板文件，当模板文件较大时，复制的时间开销不可忽视；另一方面，因为应用程序没有加载到内存，所以通过虚拟机模板转换的虚拟机需要在启动或加载内存镜像后，方可提供服务。

为此，有学者提出了基于 Fork 思想的虚拟机部署方式。该方式受操作系统的 Fork 原语启发，利用父虚拟机迅速克隆出大量子虚拟机。与进程级的 Fork 相似，基于虚拟机级的 Fork，子虚拟机继承父虚拟机的内存状态信息，并在创建后即时可用。当部署大规模虚拟机时，子虚拟机可以并行创建，并维护其独立的内存空间，而不依赖于父虚拟机。

(2)虚拟机在线迁移技术：虚拟机在线迁移是指虚拟机在运行状态下从一台物理机移动到另一台物理机。虚拟机在线迁移技术对云计算平台有效管理具有重要意义。

(a)提高系统可靠性。一方面，当物理机需要维护时，可以将运行于该物理机的虚拟机转移到其他物理机；另一方面，可利用在线迁移技术完成无缝切换至备份虚拟机。

(b)有利于负载均衡。当物理机负载过重时，可以通过虚拟机迁移达到负载均衡，优化数据中心性能。

(c)有利于设计节能方案。通过集中零散的虚拟机，可使部分物理机完全空闲，以便关闭这些物理机(或使物理机休眠)，达到节能目的。

第三节　平台即服务层(PaaS)

一、PaaS 软件体系结构

PaaS 软件位于平台服务层，此类软件向用户提供开发、运行和测试应用的环境。图 1-4 展示了以 Hadoop 和 Cloud-Foundry 为代表的 PaaS 开源软件的体系结构，该体系结构包括云控制器和节点两部分。云控制器包含的组件有云端接口、平台组件管理器、调度器、监控器、应用执行引擎、用户管理器和数据库管理器。客户端可以通过命令行和浏览器接口使用 PaaS 平台提供的开发、部署和测试的应用环境。云端接口是用户访问云计算平台的接口，一般特指编程的 API 接口和用户远程使用平台的接口。平台组件管理器、监控器、调度器和用户管理器发挥着与 IaaS 中相应组件相同的功能。应用执行引擎负责启动各个节点上的任务。在各个节点上，为保护应用进程实施了应用间的隔离，比如使用 JVM 虚拟机进行隔离。

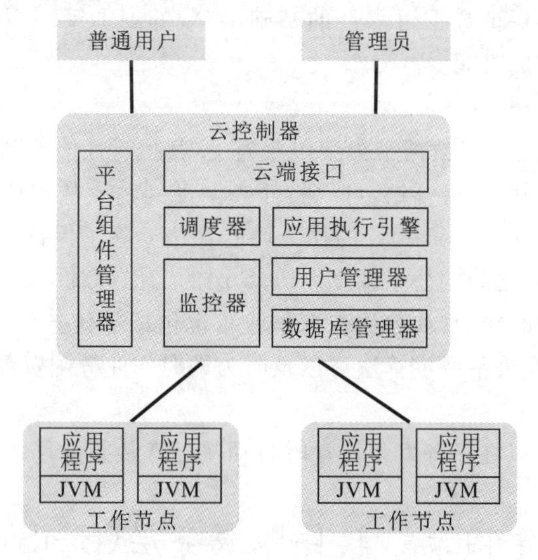

图 1-4　PaaS 的体系结构图

二、PaaS 软件关键技术

PaaS 层作为三层核心服务的中间层，既为上层应用提供简单、可靠的分布式编程框架，又需要基于底层的资源信息调度作业、管理数据，屏蔽底层系统的复杂性。随着数据密集型应用的普及和数据规模的日益庞大，PaaS 层需要具备存储与处理海量数据的能力。本节先介绍 PaaS 层的海量数据存储与处理技术，然后讨论基于这些技术的资源管理与调度策略。

1. 海量数据存储与处理技术

1)海量数据存储技术

云计算环境中的海量数据存储既要考虑存储系统的 I/O 性能，又要保证文件系统的可靠性与可用性。

DeCandia 等(2007)设计了基于 P2 结构的 Dynamo 存储系统,并应用于 Amazon 的数据存储平台。借助于 P2P 技术的特点,Dynamo 允许使用者根据工作负载动态调整集群规模。另外,在可用性方面,Dynamo 采用零跳分布式散列表结构降低操作响应时间;在可靠性方面,Dynamo 利用文件副本机制应对节点失效。由于保证副本强一致性会影响系统性能,所以,为了承受每天数千万的并发读写请求,Dynamo 中设计了最终一致性模型,弱化副本一致性,保证提高性能。

2)数据处理技术与编程模型

PaaS 平台不仅要实现海量数据的存储,而且要提供面向海量数据的分析处理功能。由于 PaaS 平台部署于大规模硬件资源上,所以海量数据的分析处理需要抽象处理过程,并要求其编程模型支持规模扩展,屏蔽底层细节并且简单有效。

2. 资源管理与调度技术

海量数据处理平台的大规模性给资源管理与调度带来挑战。研究有效的资源管理与调度技术可以提高 MapReduce、Dryad 等 PaaS 层海量数据处理平台的性能。

1)副本管理技术

副本机制是 PaaS 层保证数据可靠性的基础,有效的副本策略不但可以降低数据丢失的风险,而且能优化作业完成时间。

2)任务调度算法

PaaS 层的海量数据处理以数据密集型作业为主,其执行性能受到 I/O 带宽的影响。为了减少任务执行过程中的网络传输开销,可以将任务调度到输入数据所在的计算节点,因此,需要研究面向数据本地性(Data-Locality)的任务调度算法。除了保证数据本地性,PaaS 层的作业调度器还需要考虑作业之间的公平调度。PaaS 层的工作负载中既包括子任务少、执行时间短、对响应时间敏感的即时作业(如数据查询作业),也包括子任务多、执行时间长的长期作业(如数据分析作业)。研究公平调度算法可以及时为即时作业分配资源,使其快速响应。

3)任务容错机制

为了使 PaaS 平台可以在任务发生异常时自动从异常状态恢复,需要研究任务容错机制。

第四节　软件即服务层(SaaS)

一、SaaS 软件体系结构

SaaS 软件把应用作为服务提供给用户,它可以部署在 IaaS 和 PaaS 之上。

图 1-5 展示了以 Zimbra 和 OpenId 等为代表的 SaaS 平台软件的体系结构,它包含云控制器、应用节点和存储系统三部分。

云控制器中的组件主要有:云端接口、平台组件管理器、元数据管理器、应用管理器、用户管理器、监控器和数据库管理器。用户通过浏览器对整个平台进行访问。元数据管理器对整个平台应用的元数据进行管理。应用管理器管理应用软件的运行状况,如访问平台的进程调度和平台负载均衡。数据库管理器直接控制存储系统,实现对平台中应用数据的管理。SaaS 平台中的平台组件管理器、监控器和用户管理器与 IaaS 和 PaaS 中相关组件的功能类似。应

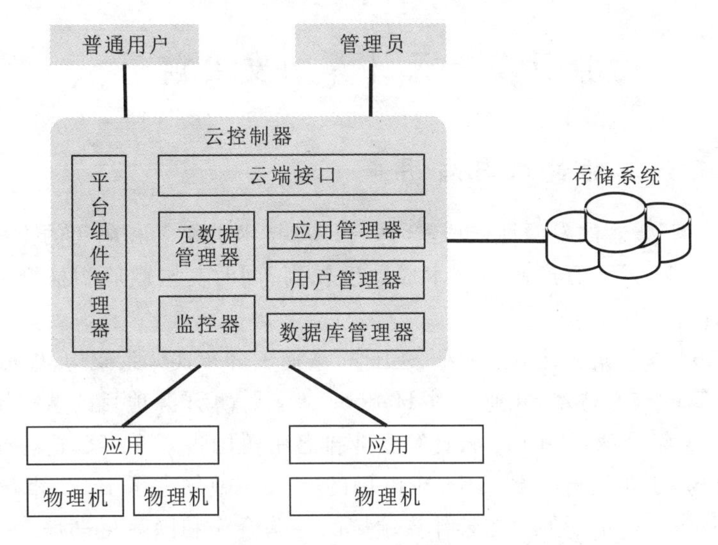

图 1-5　SaaS 的体系结构图

用节点上运行着云控制器所分配的具体应用。

通常情况下，一个 SaaS 平台不止给用户提供一种应用(如 Zimbra 不仅向用户提供邮件管理，还提供聊天服务)。这些应用可能运行在一个物理机上，也可能运行在多个物理机上。用户使用平台提供的应用，而不用关心应用程序的具体运行情况。

二、SaaS 软件关键技术

SaaS 层面向的是云计算终端用户，提供基于互联网的软件应用服务。随着 Web 服务、HTML5、Ajax、Mashup 等技术的成熟与标准化，SaaS 应用近年来发展迅速。典型的 SaaS 应用包括 Google Apps、Salesforce CRM 等。

Google Apps 包括 Google Docs、GMail 等一系列 SaaS 应用。Google 将传统的桌面应用程序(如文字处理软件、电子邮件服务等)迁移到互联网，并托管这些应用程序。用户通过 Web 浏览器便可随时随地访问 Google Apps，而不需要下载、安装或维护任何硬件或软件。Google Apps 为每个应用提供了编程接口，使各应用之间可以随意组合。Google Apps 的用户既可以是个人用户也可以是服务提供商。比如企业可向 Google 申请域名为@example.com 的邮件服务，满足企业内部收发电子邮件的需求。在此期间，企业只需对资源使用量付费，而不必考虑购置、维护邮件服务器、邮件管理系统的开销。

Salesforce CRM 部署于 Force.com 云计算平台，为企业提供客户关系管理服务，包括销售云、服务云、数据云等部分。通过租用 CRM 的服务，企业拥有完整的企业管理系统，用以管理内部员工、生产销售、客户业务等。利用 CRM 预定义的服务组件，企业根据自身业务的特点定制工作流程。基于数据隔离模型，CRM 可以隔离不同企业的数据，为每个企业分别提供一份应用程序的副本。CRM 可根据企业的业务量为企业弹性分配资源。除此之外，CRM 为移动智能终端开发了应用程序，支持各种类型的客户端设备访问该服务，实现泛在接入。

第五节　云计算的发展前景

一、国外云计算的技术与应用

美国是“云计算”概念的发源地，也是全球云计算技术引领者和应用的主战场。美国拥有全球领先的 IT 企业，云计算产品与技术成熟度较高；同时美国政府积极推动云计算产业发展，带头应用云计算。

美国早在 2003 年开始云计算技术研发工作，掌握了分布式体系架构、虚拟资源管理、海量存储等全球云计算的核心技术，并通过对 Hadoop 等云计算开源项目的掌控影响云计算技术的发展方向。2013 年全球 TOP100 云计算企业排名中美国占了 84 家，这些企业产品占领了全球大部分云市场，如亚马逊占到了 IaaS 市场的 40％ 、微软占了 PaaS 市场的 64％。近年来，美国云计算服务企业不断加大在云计算领域的并购合作和国际化进程。据企业对外公布信息显示，仅在过去两年，IBM、甲骨文和 SAP 等就花费了数十亿美元收购云计算供应商；微软、AWS、Rackspace、Google、IBM 等相继发布了数据中心全球扩张计划。

美国云计算应用在政府的带动下，取得了积极成效，截至 2012 年，美国 SaaS 服务用户占比高达 65％ 、IaaS 服务用户达 56％ 、PaaS 服务用户达 54％ 。行业应用方面，电子政务云最为成熟。2009 年，美国联邦政府启动新网站 Apps. gov，展示并提供得到政府认可的云计算应用。自此美国国防部、总务管理局、农业部等都相继应用云计算，截至 2013 年底，美国超过一半的联邦政府机构采用云计算相关服务，云计算采购额达到了 9.68 亿美元。

作为要求严格、态度严谨的欧洲人，他们对安全性和隐私性有更为严格的要求。因此对云计算采用审慎的态度。但是随着云计算应用的广泛开展，其广阔前景也愈加被欧洲国家认同，成为云计算的追随者，越来越多的政府机关、医疗机构等都采用了云提供的服务。

欧盟云计算服务的企业主要是法国电信 Orange、德国电信、西班牙电信 Telefonica 等电信运营商、系统集成商和服务托管商。这些公司都有自主产权的云计算产品，是推动欧洲云计算发展的主要力量。全球 TOP100 云计算企业当中欧盟企业有 9 家。但值得注意的是，当前，欧盟云计算市场主要是由美国企业主导，如亚马逊、微软、谷歌等企业已经在欧洲建立了数据中心，提供本地化云服务。

欧盟云计算应用步伐较为缓慢，云计算应用至少落后美国两年。其中应用较好的领域是中小企业。根据 2011 年 VMware 公司就 8 个欧洲国家(德国、西班牙、法国、意大利、荷兰、波兰、英国以及俄罗斯)共计 1616 家中小企业应用云计算的水平等级分析报告显示，超过 60％ 的受访企业已经在基础设施或应用程序等方面开始应用云计算。

21 世纪以来，日本高度重视信息技术发展，相继制定了多项信息发展战略，开展了大规模基础建设。得益于电子器件、嵌入软件、通信技术等领域的领先优势，日本在服务器、平台管理软件、应用软件等领域形成自主知识产权的技术和产品。日本云计算代表企业主要是电信运营商，根据日本企业的需求，制定了具体的云计算服务战略，面向企业，提供以 IaaS 与 PaaS 为主的云计算服务。但日本没有企业列于全球 TOP100。

日本致力于在传统行业应用云计算技术，催生替代传统业务的新兴应用，使云计算成为改变社会和产业结构的动力。如运用云计算技术把汽车变成信息终端，建立基于云计算技术的新型医疗系统，在电力云基础上开发“电力银行”等。中国政府的“十二五”规划将公共云计算列为国家战略技术，政府过去五年也在鼓励投资，并提供了直接资金或是减税等政策刺激。约有10个省(市、区)的政府将建设30个超过1000m^{2}的大型数据中心，每个数据中心都将通过提供公共云服务来支持企业发展。

二、国内云计算的技术与应用

自2010年以来，随着政府对云计算发展的支持力度加大，用户对云计算的认知不断提高，企业对云计算参与越来越多，我国云计算已从前期的起步阶段开始进入实质性发展的阶段。据《云计算白皮书(2014)》报告显示，2013年中国公共云服务市场规模约为47.6亿人民币，同比增长了36%，远高于全球平均水平。

近些年，通过重大专项支持，中国在高端服务器、存储设备、云操作系统等领域取得突破，形成一批具有自主知识产权的技术成果，初步形成覆盖云计算产业链的软硬件技术体系。中国云计算代表企业主要包括百度、阿里巴巴等互联网企业，华胜天成、神州数码等系统集成企业，以及华为、中兴等硬件企业和用友、金蝶等软件企业。这些企业大力发展云计算相关软硬件和云计算系统解决方案，为云计算服务的发展提供有力支撑。

目前，百度、阿里巴巴、金蝶、盛大、腾讯等提供搜索引擎、第三方应用开发、电子商务、企业管理、云存储、视频托管等公有云服务的市场正加速增长。中国政府、金融、电信、电力、医疗、交通、教育等领域都开始在信息化建设过程中实践云计算。以云服务创新试点示范城市为例，北京、上海通过“基地＋基金”的模式，促进中小企业利用云计算在医疗、教育、交通等领域创新创业；杭州市支持阿里巴巴与华数集团合作共建电子政务云平台，已部署了30多个政府业务应用项目；无锡建设城市云计算中心，利用云计算开展养殖业领域的物联网应用。尤其在电子政务领域，一些地方政府整合资金预算，以购买云服务方式，开展信息化建设。如陕西支持未来国际公司建设统一的电子政务云服务平台，使全省信息化基础设施建设的政府投资节省约55%，运行维护成本节省约50%，建设周期和应用推广时间缩短70%以上。

第二章　虚拟化技术

第一节　虚拟化的历史与发展趋势

一、虚拟化的历史

虚拟化技术早在20世纪60年代的美国计算机学术界就已经诞生了，到现在已经有了50余年的历史。

在1959年6月召开的国际信息处理大会上，英国计算机技术研究员克里斯托弗·斯特雷奇一篇名为《大型高速计算机中的时间共享》的学术报告，被认为是关于虚拟化技术的最早论述。这篇论文为虚拟化指出了一条思路明确、指向清晰的发展之路，让虚拟化看起来是可行的，而非泛泛的纸上谈兵。

后来，虚拟化技术得到了一些技术导向型公司的青睐，被应用到了一些大型主机上。以虚拟化技术最早的推动者IBM公司为例，该公司在20世纪60年代发明了一种操作系统的虚拟机技术。这项技术一经问世，就震惊了整个科学界和商业界，因为它允许用户在一台主机上运行多个操作系统，使得用户能够充分利用稀缺、昂贵的大型机资源，这被人们认为是革命性的、里程碑式的重要事件。

到20世纪90年代末期，虚拟化技术的第二代应用开始出现了，它们是价格同样不菲的RISC服务器与小型机，不过比起大型机来说，价格已经不是那么离谱了，这也意味着虚拟化技术的受惠面又有所扩大。随着X86处理器在性能上的飞速提高和X86架构的广泛普及，英特尔、AMD两大芯片公司在X86架构上对虚拟化技术的关注和支持，X86架构上虚拟化技术得以实现，首次向人们展示了虚拟化应用的广阔前景，因为X86架构上可以提供廉价的、高性能和高可靠的服务器。更重要的是，一些用户已经开始配置虚拟化的生产环境，他们需要得到新的管理工具，从而随着虚拟化技术的发展而获得更大的收益。

事实上，目前的虚拟化技术热潮是由于该技术在X86服务器上的迅速普及引发的，很多企业已经采用了虚拟化技术。而如何提供一个更好的管理平台有效地管理多个厂商的虚拟服务器以及实现物理服务器与虚拟服务器的统一管理将是虚拟化技术在数据中心广泛应用的关键。

自2006年以来，从处理器层面的AMD和Intel到操作系统层面的微软的加入，从数量众多的第三方软件厂商的涌现到服务器系统厂商的高调，我们看到一个趋于完整的服务器虚拟化的产业生态系统正在逐渐形成。提到虚拟化，不得不提VMware这家公司。

1999年，VMware推出了针对X86系统的虚拟化技术，解决了很多难题，并将X86系统转变成通用的共享硬件基础架构，以便使应用程序环境在完全隔离、移动性和操作系统方面有选择的空间。

2003年VMware推出了VMware Virtual Center，包括最初的VMotion和Virtual SMP

(允许一个虚拟机同时使用最多 4 个物理处理器)技术，使得 VMware 的软件在高可用和性能方面建立了优势，得以进入关键应用领域，并靠其自身实力建立起了行业领袖地位，2004 年推出了 64 位支持版本，同一年，VMware 被 EMC 收购。

WMware 在服务器虚拟化市场上拥有最大的份额，而云计算只会有助于巩固这个份额。由于技术行业积极接受云计算，许多公司都想竭力避免重蹈 20 世纪 90 年代的覆辙。当时是台式机大行其道的年代，微软这一家公司就垄断了台式机软件市场，提供 Windows 这样一款每个人都逐渐离不开的软件。

为了抗衡 VMware 在虚拟化行业的优势，业界几家领导厂商成立了一个行业组织，这个组织名为开放虚拟化联盟 OVA(Open Virtualization Alliance)，成员包括 IBM、HP、INTEL、KVM Linux 发行版领导厂商红帽、Novell、BMC 和 Eucalyptus Systems 等，旨在推广 KVM 在虚拟化领域的应用。

KVM 是解决虚拟化问题的一个有价值的解决方案，并且由于它是唯一一个进入内核的虚拟化解决方案，所以它很快用于服务器虚拟化和桌面虚拟化。还有其他一些方法一直在为进入内核而竞争(例如 UML 和 Xem)，但是由于 KVM 需要的修改较少，并且可以将标准内核转换成一个系统管理程序，因此它的优势不言而喻。

KVM 的另外一个优点是它是内核本身的一部分，因此可以利用内核的优化和改进。与其他独立的系统管理程序解决方案相比，这种方法是一种不会过时的技术。KVM 两个最大的缺点是需要较新的能够支持虚拟化的处理器，以及一个用户空间的 QEMU 进程来提供 I/O 虚拟化。但是不论好坏，KVM 位于内核中，这对于现有解决方案来说是一个巨大的飞跃。

OVA 联盟将向用户宣传最佳实践，并提供技术咨询，帮助用户"了解和评估各自选择的虚拟化方案"。同时联盟所有成员中拥有最多资源的硬件厂商会在 KVM 方面加大投入的力量。目前 OVA 已发展到了 200 多个成员单位，范围覆盖到亚洲太平洋和北美、拉美等多个国家和地区。

不管是 VMware 也好，还是极力推广 KVM 的 OVA 组织也好，虚拟化如今已经成为广受关注的热点话题。

实际上，不论是服务器虚拟化，还是存储虚拟化，甚至网络虚拟化、数据虚拟化等，都只是部件级的虚拟化。虚拟化技术的未来应当是将整个数据中心虚拟化，使用户能够获得一个随需应变数据中心。整体看来，随着计算机新技术的飞速发展，虚拟化技术及其平台前景十分乐观。

二、虚拟化技术发展趋势

现有的虚拟化技术应用于服务器、存储、网络和桌面应用程序的整合，提高系统资源利用率和管理灵活性，同时节省服务器空间和电耗成本，虚拟化技术下一步的发展趋势是云计算。

1. 桌面虚拟化

桌面虚拟化是指将计算机的终端系统(也称作桌面)进行虚拟化，以达到桌面使用的安全性和灵活性。通过任何设备，在任何地点、任何时间通过网络访问属于我们个人的桌面系统。桌面虚拟化依赖于服务器虚拟化，在数据中心的服务器上进行服务器虚拟化，生成大量的独立的桌面操作系统(虚拟机或者虚拟桌面)，同时根据专有的虚拟桌面协议发送给终端设备。用户终端通过以太网登陆到虚拟主机上，只需要记住用户名和密码及网关信息，即可随时随地地通过网络访问自己的桌面系统，从而实现单机多用户。由 IaaS 提供基础资源平台，桌面虚拟化和云平台的完美融合达到类似于 SaaS 一样的效果，这便是桌面即服务（DAAS，Desktop As A Service）。桌面虚拟化不仅有助于用户缩减硬件、升级采购成本，并通过集中部署服务器而简化管理，而且也能为用户提供定制化的虚拟 PC。

在桌面虚拟化领域，VMware 与 Citrix 的虚拟化产品是目前市场上最为知名的品牌。历史上，虚拟化技术应用于数据中心之后，迅速向桌面端渗透。包括 VMware 和 Citrix 在内，很多公司都通过一些并购行为加强自己在这方面的实力；微软更是早在 2003 年就收购了 Connectix 公司，其 PC 桌面虚拟机软件 Virtual PC 2007 也早已深入人心。

一些桌面虚拟化厂商，如 Citrix、VMware、Virtual Iron 和 HP 公司等，均为用户提供了相应的解决方案。这些方案的技术方法大同小异，都是在中央服务器上虚拟出大量的虚拟桌面，并提供丰富的虚拟应用软件，以 SaaS 的方式，供成千上万的用户使用。

与之相比，对于很多 Mac 的用户来说，桌面虚拟化似乎距离他们仍然十分遥远。由于许多设备和应用软件并不支持苹果硬件，即便有些支持苹果硬件，也存在一定的限制，这令用户难以适从。不过这一现状逐步改变，在 2009 年 1 月 11 日 MacWorld 展会上，Parallels、VMware 和 Sun 等厂商展出了可用于 Mac 平台的桌面虚拟化软件。三家厂商为 Mac 用户展现了一款全新的操作系统，可以从 Windows 和 Ubuntu 等竞争对手的系统中读取数据。

值得一提的是，在桌面虚拟化领域，国内很多厂商表现出极大的热情，不同品牌的桌面云系统和技术犹如雨后春笋般出现，其中不乏一些典型代表。华为、深信服、锐捷以及深圳市青葡萄科技有限公司等，都推出了具有知识产权的桌面云系统、在教育、政府、企业等诸多领域，与国外老牌产品竞争，争夺国内市场份额。目前国内厂商在桌面云领域，已经占领了国内市场，正逐步向国外市场拓展。

2. *移动虚拟化*

作为未来智能手持终端，手机在信息产业生态链上的地位与时俱增，虚拟化也盯上了这片"处女地"——在 VMware 之前，似乎还没有哪个厂商将虚拟化推广到这个行业来。但在移动网络和云计算的背景下，移动终端的云计算服务应运而生。基于云计算的定义，移动虚拟化是指移动终端通过网络连接到远端的服务提供商，使用云端的硬件设备提供的网络、平台、计算存储能力和应用资源等服务。移动终端不进行数据的运算，只需要负责数据的输入和输出功能，减少了对计算和存储的需求，这样大大地降低了对移动终端的配置要求。移动虚拟化的服务模式就是将移动终端需要处理的计算功能交给服务器端来完成，用户的数据也存储在云端，所有的资源都是通过网络来进行传输的。移动终端使用的应用由服务器端来提供，用户不需要去进行下载、安装和配置，只需要去使用应用的功能。移动虚拟化技术可以让多个用户终端来共享使用同一应用，增强了服务器计算和存储资源的利用率。

2008 年 11 月初，VMware 宣布，将推出新的 VMware 移动虚拟化平台（MVP），把虚拟化技术及已经获得验证的诸多虚拟化应用引入到手机上。该平台将能够帮助手机厂商缩短开发时间，让能够带来增值服务的手机更快地投放市场，而且实现了一部手机同时运行多个情景模式，如一个情景模式用于私人事务，另一个情景模式用于办公事务。

Gartner 对此给予了充分的认可，该公司研究副总裁 Monica Basso 认为，移动领域的虚拟化是一个前景非常好、可能会迅速兴起的市场。根据他们统计，到 2012 年，新上市的智能手机中将有一半以上会采用虚拟化技术；到 2016 年，中国 70% 的 X86 企业服务器、全球 60% 的

X86企业服务器工作量实现了虚拟化。同时他还指出，虚拟化技术可以让企业和消费者轻松管理和保护手机，还能帮助手机制造厂商降低材料消耗、缩短开发周期，并更快地交付新产品。如果Gartner预测成功，那么试图跟VMware竞争的各个虚拟化厂商，肯定都会在该领域快速跟进。问题是，当前对一个终端用户来说，接受一部内含虚拟化技术的智能手机似乎有点遥远。不过，这是一个值得关注的领域。

3.数据中心虚拟化

在大数据的趋势下，数据中心存在的矛盾越来越突出。这表现在服务器规模成倍增加，硬件成本水涨船高；数据中心的应用越来越多，运行环境相关隔绝，总体使用率低下，缺乏高度可扩展、安全的网络基础。解决以上问题，数据中心虚拟化就是综合应用服务器虚拟化、存储虚拟化，甚至网络虚拟化、数据虚拟化等技术，对服务器进行整合，优化数据中心资源的利用率，将计算和存储资源从多个分立式系统转变成可以通过智能网络汇聚、分层、调配和访问的标准化组件，从而为自动化等新兴IT战略奠定基础。

目前虚拟化技术还有很多路要走。不论是服务器虚拟化，还是存储虚拟化，甚至网络虚拟化、数据虚拟化等，都只是部件级的虚拟化。虚拟化技术未来发展趋势应是将整个数据中心虚拟化，使用户能够获得一个随需应变数据中心。目前各大主流厂商都有自己的虚拟化管理平台，在此平台上统筹所有软、硬件资源的虚拟化，效果有待改善。

有理由相信，随着以Intel、Vmware、Microsoft、Citrix和以Thinputer为代表的国产品牌等为代表的软硬件厂商将虚拟化技术引入X86平台，越来越多的IT厂商随之参与进来，虚拟化技术所面临的问题都将会得到不同程度的解决，虚拟化技术凭借其自身的强大优势必将成为未来若干年服务器各个平台的发展焦点，一个崭新的时代即将到来。

三、虚拟化技术的概念和特点

虚拟化技术作为一个广义的术语，在计算机科学中是“一个表现逻辑群组或电脑资源的子集的进程，用户可以用比原本的组态更好的方式来存取这些进程，这些资源的虚拟部分不受现有资源的架设方式、地域或物理组态所限制”，简而言之，虚拟化技术是指计算元件在虚拟的基础上而不是真实的基础上运行，它可以扩大硬件的容量，简化软件的配置过程，减少软件虚拟机相关开销，支持更广泛的操作系统。虚拟化技术可实现软件应用与底层硬件相隔离，它包括将单个资源划分成多个虚拟资源的裂分模式，也包括将多个资源整合成一个虚拟资源的聚合模式。虚拟化技术根据对象可分成存储虚拟化、计算虚拟化、网络虚拟化等，计算虚拟化又分为系统级虚拟化、应用级虚拟化和桌面虚拟化。在云计算实现中。计算系统虚拟化是一切建立在“云”上的服务与应用的基础。虚拟化技术目前主要应用在CPU、操作系统、服务器等多个方面，是提高服务效率的最佳解决方案。

虚拟化技术与多任务以及超线程技术是完全不同的技术。多任务是指在同一个操作系统中有多个程序同时并行运行，而在虚拟化技术中，则可以在同一计算机上实现同时运行多个不兼容的操作系统，而且每个操作系统中都可以有多个程序运行，每一个操作系统都运行在一个虚拟的CPU或者是虚拟主机上，然而，超线程技术只是单CPU模拟双CPU来平衡程序运行性能，这两个模拟出来的CPU是不能分离的，只能协同工作。

虚拟化资源主要包括计算能力和数据储存，有许多不同的实现模式，但是它们的共性是模拟指令集的方式。每个虚拟机都有一个用户可以访问的指令集，虚拟机把这些虚拟指令映射到计算机的实际指令集。虚拟化技术按照虚拟化指令集所处的位置和采用技术的不同，可分为硬件辅助虚拟化、完全虚拟化、半虚拟化、硬件仿真和操作系统级虚拟化五大模式，其技术特点如表 2－1 所示。

表 2－1　虚拟化技术的特点

虚拟化模式	特点	形式
硬件辅助虚拟化	在硬件机上提供对虚拟化技术的支持。由硬件制造商提供虚拟分区功能，把虚拟层置于硬件和操作系统之间，一般有部件级和芯片级两大类	Hosted/Hypervisor
完全虚拟化	用软件实现的对底层硬件资源的抽象，虚拟层在客户操作系统和底层硬件之间进行协调。最大优点是客户操作系统无需作任何修改就可以直接运行，其限制是客户操作系统必须支持底层硬件	Hosted/Hypervisor
半虚拟化	用软件实现的对底层硬件资源的抽象。使用一个虚拟层系统来实现对底层硬件的共享访问，并把与虚拟化有关的代码集成到虚拟层系统本身中，其缺点是需要修改客户操作系统	Hypervisor
硬件仿真	在物理机的操作系统上创建了一个虚拟硬件的程序来仿真所需要的硬件，并在此程序上跑虚拟机，是最复杂的虚拟化实现技术。其主要问题是速度比较慢，因为每条指令都必须在底层硬件上进行模拟	Hosted
操作系统虚拟化	在操作系统本身之上实现服务器的虚拟化，在宿主系统上创建模拟所需使用的硬件。这种方案支持复制多个底层的操作系统，并可以共享底层硬件	类似于 Hypervisor

从虚拟机实现所采用的抽象层次的角度对虚拟化系统进行分类，则当前的虚拟化解决方案可以分为以下几类：指令级虚拟化、硬件级虚拟化、操作系统级虚拟化、编程语言级虚拟化、程序库级虚拟化。

1. 指令级虚拟化

指令级虚拟化通过纯软件方法，模拟出与实际的应用程序不同的指令集去执行，采用这种方法构造的虚拟机一般称为模拟器。一个典型的计算机系统由处理器、内存、总线、硬盘驱动器、定时器、多种 I/O 设备组成。模拟器可将客户虚拟机发出的所有指令翻译成本地指令集，然后在真实的硬件上执行。指令级虚拟化系统的代表包括 BOCHS 和 QEMU 等。

2. 硬件级虚拟化

硬件级虚拟化与指令级虚拟化非常相似，其不同之处在于，这种类型的虚拟化所考虑的是一种特殊情况：客户执行环境和主机具有相同指令集的情况，并充分利用这一特点，让绝大多客户机指令，在主机上直接执行，从而大大提高了执行的速度。硬件级虚拟化是目前研究最广泛的虚拟化技术，相应的虚拟化系统也比较多，其中最具影响力的 Xen、KVM、VMware 等都属于硬件级的虚拟化。

3. 操作系统级虚拟化

一个应用的操作环境包括操作系统、用户函数库、文件系统、环境设置等。如果应用系统所处的这些环境能够保持不变，那么应用程序本身将无法分辨出其所处的环境与真实环境之间的差别。

操作系统级虚拟化技术的关键思想在于，操作系统之上的虚拟层按照每个虚拟机的要求为其生成一个运行在物理机器之上的操作系统副本，从而为每个虚拟机产生一个完好的操作环境，并且实现虚拟机与物理机器的隔离。操作系统级虚拟化的代表系统有 Linux-VServer、OpenVZ 等。

4. 编程语言级虚拟化

编程语言级虚拟化技术的主要思想是，在应用层次上创建一个和其他类型虚拟机行为方式类似的虚拟机，并支持一种新的自定义的指令集。这种类型的虚拟机使得用户在运行应用程序的时候就像在真实的物理机器上一样，并且不会对系统的安全造成影响。编程语言级虚拟化系统主要包括 JVM 和 Microsoft. NET CLI 等。

5. 程序库级虚拟化

应用程序的编写都是由一组用户级程序库调用系统 API 函数集来实现相应的功能。用户级程序库能够隐藏操作系统级的底层细节，从而降低应用程序的开发难度。API 是与底层硬件无关、但是和操作系统密切相关的接口，API 函数调用定义了操作系统的接口和接口参数。

应用程序级虚拟化在应用程序库和操作系统之间增加了一个虚拟层，用来模拟目标操作系统的 API，从而为应用程序提供不同的 API 接口，使得应用程序不经修改就可以运行在不同的操作系统平台。典型例子有 Cygwin 和 Wine 等。

一般所指的虚拟化技术是按应用领域来分，主要包括服务器虚拟化技术、桌面虚拟化技术、存储虚拟化技术、网络虚拟化技术四大部分。

第二节 服务器虚拟化

服务器的虚拟化是将服务器物理资源抽象成逻辑资源，让一台物理服务器逻辑上划分成几台甚至几十台相互隔离的虚拟服务器，从而让中央处理器、内存和磁盘等硬件不再受限于物理上的界限，变成可以动态管理的“资源池”。利用对该资源池的有效可用资源进行动态调配，达到实现服务器整合、提高硬件资源的利用率、简化服务器系统管理的目的，提高对业务变化快速响应的适应能力。

一、服务器虚拟化的分类

服务器虚拟化技术是 IaaS 的基础，它可以将一个物理服务器虚拟成若干个服务器共同使用，如图 2-1 所示。

根据虚拟化的程度可为全虚拟化和半虚拟化两种方式。

1. 全虚拟化方式

全虚拟化方式(Full Virtualization)是指虚拟管理层对底层硬件进行完全模拟，通过把底层硬件平台的 API 完整拷贝并提供给上层虚拟机，虚拟机中的客户操作系统和应用无法感知真实机器的存在。全虚拟化方式的优点是兼容性好，可以在虚拟机上使用任何类型的操作系统，客户操作系统无需修改，所有软件都能在虚拟机中运行；但其缺点是性能开销较大，以软件来完全模拟底层硬件必然影响硬件调用的性能。

2. 半虚拟化方式

半虚拟化方式(Para-virtualization)是指虚拟管理层对底层硬件进行部分模拟，把底层硬

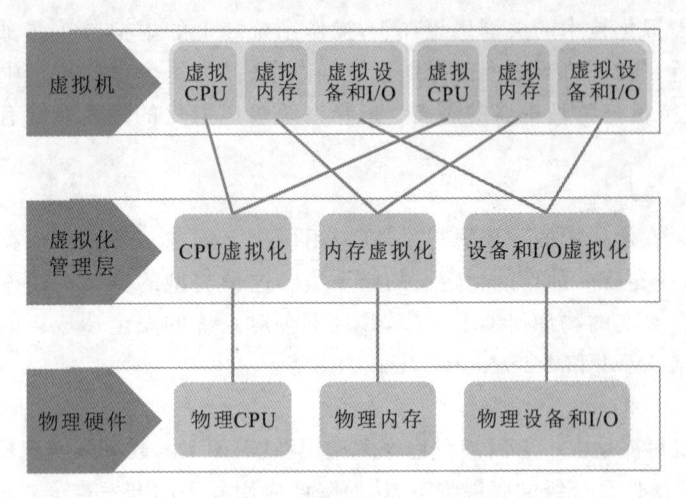

图 2-1　服务器虚拟化示意图

件平台的低级 API 用一套高级 API 来代替并提供给上层虚拟机，客户操作系统需要支持底层硬件。这样，虚拟机在运行时可减少用户模式（User Mode）和特权模式（Supervisor Mode）之间的切换，从而降低运行的开销。例如，虚拟化软件 Xen 就是使用了半虚拟化方式。

二、服务器虚拟化功能和技术

服务器虚拟化需要具备以下功能和技术。

（1）多实例：在一个物理服务器上可以运行多个虚拟服务器。

（2）隔离性：在多实例的服务器虚拟化中，一个虚拟机与其他虚拟机完全隔离，以保证良好的可靠性及安全性。

（3）CPU 虚拟化：把物理 CPU 抽象成虚拟 CPU，无论任何时间一个物理 CPU 只能运行一个虚拟 CPU 的指令。而多个虚拟机同时提供服务将会大大提高物理 CPU 的利用率。

（4）内存虚拟化：统一管理物理内存，将其包装成多个虚拟的物理内存分别供给若干个虚拟机使用，使得每个虚拟机拥有各自独立的内存空间，互不干扰。

（5）设备与 I/O 虚拟化：统一管理物理机的真实设备，将其包装成多个虚拟设备给若干个虚拟机使用，响应每个虚拟机的设备访问请求和 I/O 请求。

（6）无知觉故障恢复：运用虚拟机之间的快速热迁移技术（Live Migration），可以使一个故障虚拟机上的用户在没有明显感觉的情况下迅速转移到另一个新开的正常虚拟机上。

（7）负载均衡：利用调度和分配技术，平衡各个虚拟机和物理机之间的利用率。

（8）统一管理：由多个物理服务器支持的多个虚拟机的动态实时生成、启动、停止、迁移、调度、负荷、监控等应当有一个方便易用的统一管理界面。

（9）快速部署：整个系统要有一套快速部署机制，对多个虚拟机及上面的不同操作系统和应用进行高效部署、更新和升级。

三、服务器虚拟化的意义

随着数字信息时代的飞速发展，数据信息量在不断地快速膨胀，计算机数据中心的硬件设备在不断扩展以存储和处理更多的数据，致使设备空间变得越来越拥挤，也越来越昂贵。服务器经历了从塔式到机架式，继而到刀片式，服务器的密度越来越高。虽然如此，往往数据中心数以百计的服务器仍旧占据了大量的机房空间，服务器之间用于互联的网络也变得错综复杂，而且大量的服务器同时运行所产生的热量和所消耗的电力也在不断攀升，给 IT 管理维护和成本控制带来艰巨难题。

服务器虚拟化带来新的变革，在利用率、灾备建设、业务可用性、应用安全性、人力成本、存储选择等方面有着深远的意义。

1. 利用率提高

据 Sun 公司的报告显示，大多数生产服务器的利用率最多到 15%左右，剩余约 85%的计算能力完全被白白浪费掉，而且该闲置的 85%计算资源所消耗的电力和空调资源也造成了进一步的损失。若“一个应用程序平均仅消耗 1 台服务器 20%的计算能力，但在使用高峰期能够消耗 10 台服务器的计算能力，这种应用程序非常适合通过虚拟化部署”。有实验证明，1 台中高端两 CPU 八核服务器通过虚拟化技术能够取代 8 台低端单 CPU 双核服务器，采用虚拟化技术的方案后在初期的投资花费和后期的维护费用都比不采用的更节省成本，前后整合比达 8∶1。

2. 灾备点易于建设

据权威的 IT 研究和分析公司 Gartner 统计，到 2012 年底前虚拟化普及率大大地提高，虚拟化的 X86 服务器数量增至 5 800 万台。通过虚拟化技术整合服务器后，可利用富余的基础设施建设灾难恢复站点，而无需额外投资，使得灾备站点的建设变得可行和更容易。

3. 业务可用性提高

虚拟化服务器可利用服务器快照功能，在系统错误出现时降低损失的风险，并且能在常规运维时，如应用补丁和软件升级，提供一个快速的恢复能力，这样可以最大程度地减小系统意外宕机、补丁和升级产生不兼容所带来的影响，提高了业务的可用性。

4. 应用安全性增强

通过 VMware、Hyper-V、Thinputer OVP 和 XenServer 等虚拟化软件可以在一台物理服务器上虚拟出多个独立的操作系统环境来满足业务的需求，将操作系统和应用从服务器硬件设备隔离开，病毒和其他安全威胁无法感染其他应用，在独立的虚拟机上运行单独专用的应用增强了独立性和安全性，同时降低了能耗实现了绿色 IT 的目标。

5. 人力成本降低

以往部署一台新的物理服务器需要花费几天时间，而部署一台新的虚拟机只要几个小时，大大缩短了应用部署上线的响应速度，提高了 IT 员工的工作效率。有数据显示：“将 20 台服务器整合成 3 台可以为客户节省超过 20 万美元的能源和设备成本，以及 8.5 万美元的 IT 人力成本。”

6. 存储更多低廉选择

虚拟化服务器在存储方面提供了更多的低成本实现方案，虚拟化让 iSCSI 存储和 NAS 存储能够得到更好的利用，而不需要投资昂贵的 FC SAN 光纤存储网络。

第三节　桌面虚拟化

一、桌面虚拟化的原理

桌面虚拟化将用户的桌面环境与其使用的终端设备解耦合。服务器上存放的是每个用户的完整桌面环境。用户可以使用具有足够处理和显示功能的不同终端设备通过网络访问该桌面环境，如图 2-2 所示。

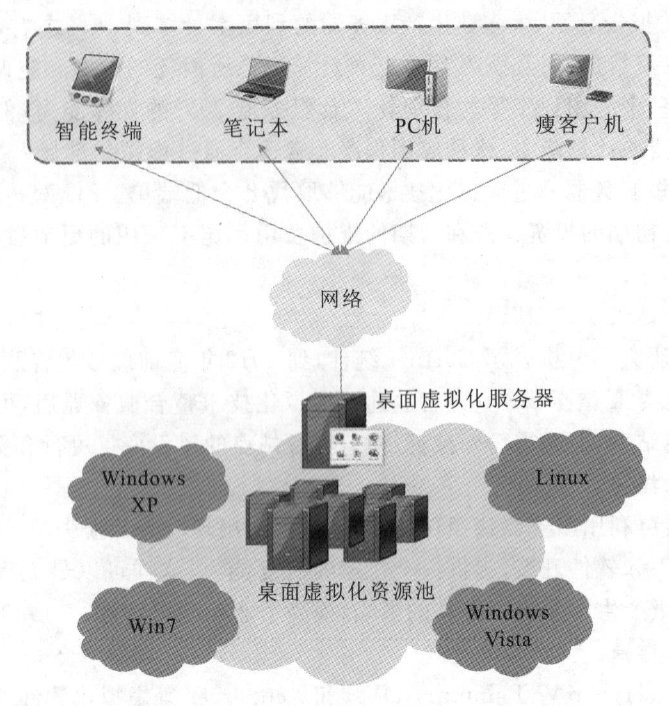

图 2-2　桌面虚拟化架构

二、桌面虚拟化功能和接入标准

桌面虚拟化具有如下功能和接入标准：

集中管理维护：集中在服务器端管理和配置 PC 环境及其他客户端需要的软件可以对企业数据、应用和系统进行集中管理、维护和控制，以减少现场支持工作量。

使用连续性：确保终端用户下次在另一个虚拟机上登录时，依然可以继续以前的配置和存储文件内容，让使用具有连续性。

故障恢复：桌面虚拟化是用户的桌面环境被保存为一个个虚拟机，通过对虚拟机进行快照和备份，就可以快速恢复用户的故障桌面，并实时迁移到另一个虚拟机上继续进行工作。

用户自己定义：用户可以选择自己喜欢的桌面操作系统、显示风格、默认环境，以及其他各种自定义功能。

三、桌面虚拟化的意义

桌面虚拟化是云计算的一种应用模型，用户端通过输入输出操作控制在云端的虚拟机，从而获取云中的各类池化资源，同时把云端的虚拟机桌面视图呈现在用户端，其用户体验类似于微软 Windows 操作系统里的远程桌面。

但桌面虚拟化的技术原理与远程桌面则大不相同。首先，用户通过普通桌面电脑、笔记本、瘦终端、平板电脑等客户端发起请求，连接到会话管理中心，会话管理中心是与服务器端一致的虚拟化集中管理工具，为服务器与桌面环境提供统一的管理平台；其次，会话管理中心对用户进行身份验证；最后，用户通过身份验证后，进入后台云数据中心，从虚拟机资源池中通过策略划拨一台桌面环境虚机，无缝地登录到虚拟桌面。随着虚拟桌面的使用完毕，云端的桌面环境可依据相应的管理策略释放已占用的资源，让资源回归云数据中心资源池，保证云端资源被充分利用。

1. 数据安全

用户数据在云端集中管理，采用与本地隔离的方式存放，有效地阻断了本地病毒木马的攻击，保障用户数据和应用系统的安全，同时通过 USB 等设备的访问控制有效防止数据被非法窃取和传播。

2. 节能减排

采用低功耗的瘦终端接入，无风扇、无机械式硬盘，减少了风扇能耗和声音的污染，降低了总发热量，延长了设备使用寿命。

3. 易于管理

采用云端集中部署，软硬件的管理从分散的用户端移到集中的云端，通过统一监控、调度和部署，简化了管理难度，为桌面标准化、软件正版化、用户端零维护奠定了坚实的基础。

4. 灵活访问

用户可随时随地通过无线或有线网络访问，同时支持多种接入设备跨平台的接入方式，接入设备如普通 PC 电脑、瘦终端、精简 PC、上网本、手机、平板电脑、IPTV 等，平台如 iOS、Android、IE 浏览器、客户端软件等。

5. 稳定可靠

桌面云提供了完善的云端和终端的管理监控、状态管理，以及系统和网络异常监控等功能，实现了桌面资源的负荷均衡和自动切换。

6. 易于备份

因虚拟桌面和用户数据在云端集中存储，系统数据和用户数据的备份，或者本地和异地备份都可制定统一的自动备份策略。

第四节　存储虚拟化

一、存储虚拟化的技术发展

由于数据中心的存储需求越来越大，在大型信息处理系统中，单一磁盘已经不再能满足需求，存储虚拟化成为了近年来研究的焦点。

存储虚拟化是指在物理存储设备或低级逻辑存储设备上能够提供简化的逻辑存储资源视图的提取层,即把多个存储模块放在一个存储池中进行统一集中的管理。这种虚拟化可以发生在主机中也可以是存储阵列中或者 SAN 存储网络内部;还可以定义为在带内或带外中执行。

存储虚拟化不仅可以隐藏整个存储子系统的物理复杂性,还能够隐藏单个物理驱动器的复杂性。另外传统的磁盘驱动器利用率低,通常无法实现动态分配,而虚拟化存储设备可以解决容量闲置的问题,通过管理软件能将闲置的存储动态分配给其他用户。图 2-3 为存储虚拟化架构。

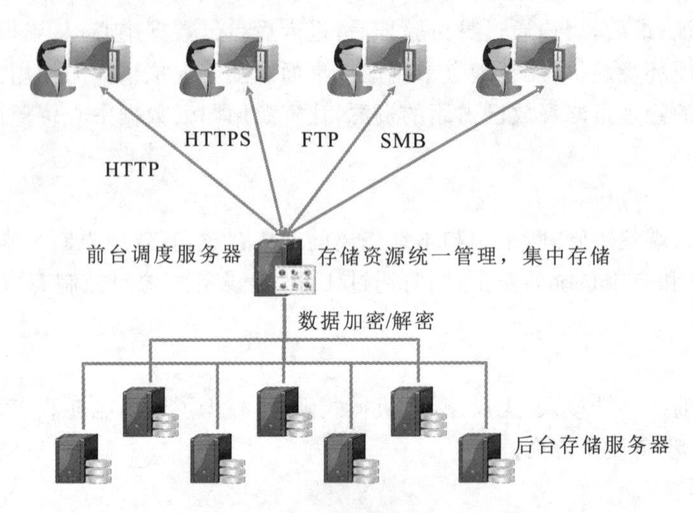

图 2-3　存储虚拟化架构

目前,存储虚拟化可通过主机级、存储子系统级和存储网络级等 3 种架构级来实现。每种方法都有其独特的优势,不过在功能上也有一定的局限性。

1. *存储子系统级存储虚拟化*

这种方法最初用在 20 世纪 90 年代的大型机中,是目前最常用的存储虚拟化方法之一。具体操作是在特定存储子系统的存储空间上创建虚拟卷,以实现虚拟化功能。将所有 SAN 存储资源集中到一个存储池中并同时管理多个存储子系统上的虚拟卷,这就要求用其他方法来补充和完善该方法,通常只有连接单一类型的 RAID 子系统的同质 SAN 才采用此方法。

在存储系统级创建虚拟卷可以独立于服务器,但通常需要采用统一的管理结构,只适用于设备一致的环境,灵活性有限。

2. *存储网络级存储虚拟化*

这是一种最有趣的方法,由于其独立于存储设备和服务器,因此很可能是最后胜出的方法。存储虚拟化的关键要求之一就是让不同的存储空间看上去并且工作起来就像统一的存储资源一样。网络化虚拟可确保存储技术能够跨不同厂商的设备工作。

网络虚拟化从拓扑结构角度可采用以下两大架构实施。

对称法:不同设备嵌在存储网络基础架构的数据路径中。

非对称法:不同设备独立于存储网络基础架构的数据路径之外。

3. 主机级存储虚拟化

实现存储虚拟化的方法之一是通过运行在服务器级的存储管理软件进行，这种方法的主要优势在于它能让多个存储子系统与多个服务器并行工作。

这种方法的主要难点则在于它要求整个 SAN 资源（磁盘或 LUN）预先在多个服务器上分区。虚拟化只能在预先分配的存储空间上执行，这就丧失了 SAN 的主要优势之一，而且也影响了卷相对于服务器的独立性。

通常说来，所有 LUN 要分配给特定的服务器，这就限制了单个存储子系统上的服务器数量。此外，再打个比方说，要是虚拟卷创建在两个 LUN 的存储空间上，那么该虚拟卷就很难从一个服务器轻松转移到另一个服务器上，尤其是在同一个 LUN 上还创建了其他卷的情况下更是如此。主机级虚拟化通常也需要通过一定的分区并行机制和 LUN 掩码技术来扩大管理功能。此外，还要依靠 LAN 连接实现服务器间的同步，这就会影响整个 SAN 的可靠性。

二、存储虚拟化功能和特点

存储虚拟化的方式是将整个云系统的存储资源进行统一整合管理，为用户提供一个统一的存储空间，存储虚拟化具有以下功能和特点。

集中存储：存储资源统一整合管理，集中存储，形成数据中心模式。

分布式扩展：存储介质易于扩展，由多个异构存储服务器实现分布式存储，以统一模式访问虚拟化后的用户接口。

节能减排：服务器和硬盘的耗电量巨大，为提供全时段数据访问，存储服务器及硬盘不可以停机。但为了节能减排，需要利用更合理的协议和存储模式，尽可能减少开启服务器和硬盘的次数。

虚拟本地硬盘：存储虚拟化应当便于用户使用，最方便的形式是将云存储系统虚拟成用户本地硬盘，使用方法与本地硬盘相同。

安全认证：新建用户加入云存储系统前，必须经过安全认证并获得证书。

数据加密：为保证用户数据的私密性，将数据存到云存储系统时必须加密。加密后的数据除被授权的指定用户，其他人一概无法解密。

级层管理：支持级层管理模式，即上级可以监控下级的存储数据，而下级无法查看上级或平级的数据。

第五节　网络虚拟化

网络虚拟化是“将多个硬件或软件网络资源及相关的网络功能集成到一个可用软件中统一管控的过程，并且对于网络应用而言，该网络资源的实现方式是透明的”。在网络系统里，存在着一个大的物理系统，如果仅为一个应用或者一个用户所使用则利用率会比较低，通过一些虚拟化的技术，把这一个物理系统变成多个逻辑上面的子系统，来提供给不同的应用、不同的用户所共享使用。另外一类，就是将一些相对小型的物理系统组合成一个大的虚拟系统，把它变成一个更大的网络设备，来给对应用流量和网络带宽要求更高的用户和应用来使用。

一、网络虚拟化的优势

基于虚拟化的数据中心网络架构与传统网络设计相比，有以下几大特点。

1. 运营管理简化

数据中心全局网络虚拟化能够提高运营效率，虚拟化的每一层交换机组被逻辑化为单一管理点，包括配置文件和单一网关 IP 地址。

2. 整体无环设计

跨设备的链路聚合创建了简单的无环路拓扑结构，不再依靠生成树协议(STP)。虚拟交换组内部经由多个万兆互联，在总体设计方面提供了灵活部署的能力。

3. 进一步提高了可靠性

虚拟化能够优化不间断通信，在一个虚拟交换机成员发生故障时，不再需要进行 L2/L3 重收敛，能快速实现确定性虚拟交换机的恢复。

4. 安全整合

安全虚拟化在于将多个高性能安全节点虚拟化为一个逻辑安全通道，安全节点之间实时同步状态化信息，从而在一个物理安全节点发生故障时另一个节点能够接管任务。

二、主流厂商网络虚拟化的技术路线

微软眼中的“网络虚拟化”，是指虚拟专用网络(VPN)。VPN 对网络连接的概念进行了抽象，允许远程用户访问组织的内部网络，就像物理上连接到该网络一样。但 VPN 在网络虚拟化方面仍有不足，如“所有的 VPN 网都基于相同的技术和协议栈，限制了多种组网方案的共存；虚拟网资源无法实现真实的隔离，VPN 服务提供者和设施提供者的角色依然没有分开”。

网络虚拟化可以帮助保护 IT 环境，防止来自 Internet 的威胁，同时使用户能够快速安全地访问应用程序和数据。但是，网络巨头思科(Cisco)不那么认为。出身、成名且目前称霸于网络的思科公司，当然在对 IT 未来的考虑上以网络为核心。它认为在理论上，网络虚拟化能将任何基于服务的传统客户端和服务器安置到“网络上”。这意味着可以让路由器和交换机执行更多的服务，自然，思科在业界的重要性和生意额都将大幅增加。思科表示网络虚拟化由 3 个部分组成：访问控制、路径提取以及服务优势。

从思科的产品规划图上看，该公司的路由器和交换机将拥有诸如安全、存储、VoIP、移动和应用等功能。对思科而言，他们的战略是通过扩大网络基础设备的销售来持续产生盈利。而对用户来讲，这能帮助他们提高网络设备的价值，并调整原有的网络基础设备。对于网络阵营的另一巨头，3Com 公司在网络虚拟化方面的动作比思科更大。3Com 的路由器中可以插入一张工作卡。该卡上带有一套全功能的 Linux 服务器，可以和路由器中枢相连。在这个 Linux 服务器中，可以安装诸如 Sniffer、VoIP、安全应用等。此外，该公司还计划未来在 Linux 卡上运行 VMware，以让用户运行 Windows Server。3Com 的这个开源网络虚拟化活动名为 3ComON(又名开放式网络)。

第六节　云计算与虚拟化的关系

云计算是一种思想，一种大规模资源整合的思想，是 IT 界未来发展的必然趋势。云计算包括信息基础设施(硬件、平台、软件)以及建立在基础设施上的信息服务。提供各类资源的网络被称为"云",在使用者看来,云中的资源是可以无限扩展的,并且可以随时获取、按需使用、弹性扩展和按使用付费。云服务就好比单台发电机模式转向电网集中供电的模式,意味着计算能力也可以作为一种商品进行流通,就像煤气、水电一样,取用方便,费用低廉。云计算是并行计算、分布式计算和网格计算的发展,或是这些计算科学概念的商业实现。云计算也是虚拟化、效用计算、服务计算等概念混合演进并跃升的结果。

本质上云计算带来的是虚拟化服务。从虚拟化到云计算的过程,实现了跨系统的资源动态调度,将大量的计算资源组成 IT 资源池,用于动态创建高度虚拟化的资源供用户使用,从而最终实现应用、数据和 IT 资源以服务的方式通过网络提供给用户,以前所未有的速度和更加弹性的模式完成任务。

虚拟化是支撑云计算的重要技术基石,云计算中所有应用的物理平台和部署环境都依赖虚拟平台的管理、扩展、迁移和备份,各操作都通过虚拟化层次完成。从云计算的最重要的虚拟化特点来看,大部分软件和硬件已经对虚拟化有一定支持,可以把各种 IT 资源、软件、硬件、操作系统和存储网络等要素都进行虚拟化,放在云计算平台中统一管理。虚拟化技术打破了各种物理结构之间的壁垒,代表着把物理资源转变为逻辑可管理资源的必然趋势。不久的将来所有的资源都将透明地运行在各种物理平台上,资源的管理都将按逻辑方式进行,完全实现资源的自动化分配,而虚拟化技术则是实现这一构想重要的工具。

总之,云计算必定是虚拟化的,虚拟化给云计算提供了鉴定的基础。但是虚拟化的用处并不仅仅限于云计算,这只是它强大功能中的一部分。而且,虚拟化技术也不一定必须与云计算相关,如 CPU 虚拟化技术、内存虚拟技术、安全桌面(沙盒技术)等也属于虚拟化技术,但是与云概念无关。云计算与虚拟化的关系,如图 2-4 所示。

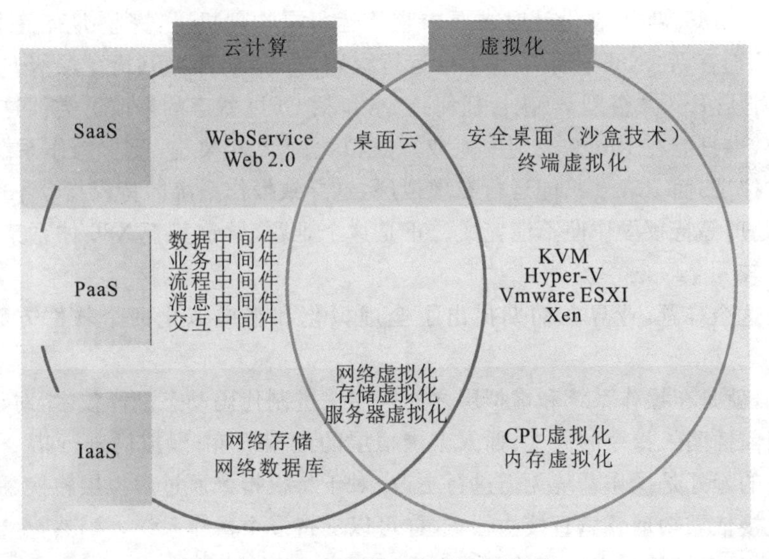

图 2-4　云计算与虚拟化的关系

第三章 服务器虚拟化和桌面虚拟化

第一节 服务器虚拟化关键技术

服务器虚拟化是对硬件的抽象和对虚拟的管理。服务器虚拟：一是对 3 种基础硬件资源 CPU、内存、设备与 I/O 进行虚拟化；二是依靠虚拟机实时迁移这种辅助技术，对资源虚拟城池进行统一调度和使用。系统级虚拟机管理器(以下简称 VMM)，对底层硬件进行划分、复用、整合，向上提供统一、灵活、易管理、高性能的抽象资源，是比操作系统更基本的系统软件平台。VMM 提供了多路复用、实时迁移、系统快照、冻结/恢复、记录重放等传统计算环境所不具备的高级特性，已经在服务器整合、灾难恢复、分布式计算和系统安全领域得到了广泛应用。目前比较流行的 VMM 系统有 Xen、KVM、VMware 系列以及微软的 Hyper-V 等。VMM 的技术核心包含 CPU 虚拟化、内存虚拟化和 I/O 虚拟化 3 个主要部分。其中 I/O 虚拟化是目前 VMM 技术面临的主要瓶颈。

服务器虚拟化关键技术解析包括以下几个方面。

一、CPU 虚拟化

CPU 的虚拟化面临的难题是操作系统要在虚拟化环境中执行特权指令功能。目前的操作系统大多基于 X86 架构，在设计时被要求直接运行在物理机上，完整拥有整个底层物理硬件。对于 CPU 而言，在 X86 体系中有 4 个运行级别，分别为 Ring0(指令层级)，Ring1，Ring2 和 Ring3。特别是 Ring0 级别，可执行任何指令，包括 CPU 状态的修改。类似这样的指令，被称为特权指令，也只能在 Ring0 级别中完成。虚拟化的 X86 架构，要求操作系统与底层硬件之间要加入虚拟层，而 Ring0 只能运行在虚拟层，这导致操作系统的特权指令不能直接运行在硬件上，中断处理等特权操作便不能完成。正是这个难题，导致基于 X86 体系架构的 CPU 虚拟化实现难度较大。

为了解决这个难题，业界在初期提出了全虚拟化和半虚拟化两个软件方案，如图 3-1 所示。

全虚拟化，就是在操作系统和虚拟层之间采用二进制代码动态翻译技术，对于操作系统的特权指令采用前插陷入指令的方式，插入至虚拟层的虚拟机，由虚拟机进行指令翻译，再执行操作。这样做的好处是操作系统无需进行更改，对于特权指令通过虚拟层转换翻译执行，非特权指令可以直接依靠物理环境直接执行，这样可以支持多个操作系统。当然，全虚拟化的方案会增加开销，这是在牺牲一定性能的基础上实现的 CPU 虚拟方案。

半虚拟化方案，则是全虚拟化的反面，通过修改操作系统解决虚拟机执行特权指令的问题，所有特权指令会转换为虚拟化平台的一个超级调用，虚拟平台为超级调用提供接口，操作系统会主动配合虚拟平台完成自身的修改。唯一不足的是，半虚拟化方案中的虚拟平台和操作系统要统一匹配，不支持多系统。伴随着 CPU 虚拟化技术的发展，针对两种软件方案存在

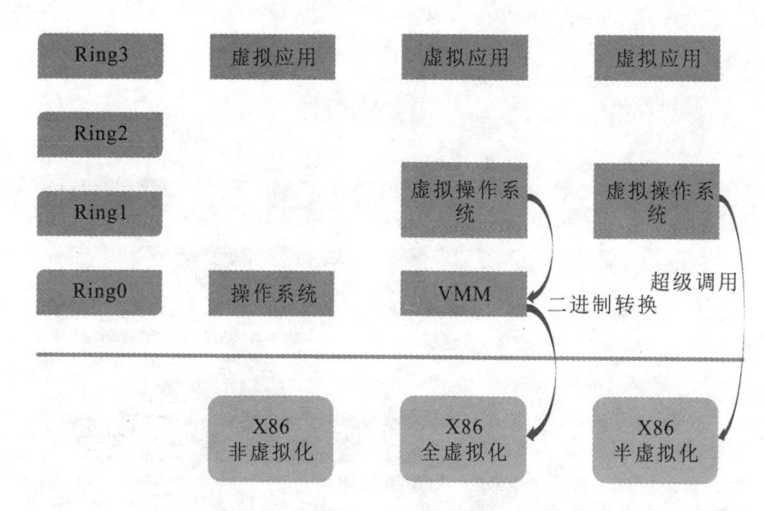

图 3-1 服务器虚拟化全虚拟化与半虚拟化方案

的开销牺牲性能的缺陷,业界提出了一种硬件方案,即在处理器中增加硬件辅助虚拟化功能,通过扩展的 VMX(虚拟机) 指令,支持虚拟化操作。在具体应用中,处理器有两种运行模式:根模式和非根模式。虚拟化平台中,处理器就运行在根模式。硬件的扩展,大大优化了虚拟平台的设计。

将一个物理 CPU 虚拟成一个虚拟 CPU,一个物理 CPU 只能处理一个虚拟 CPU 的指令,不能对应多个虚拟 CPU 的指令。操作系统可以使用一个或多个虚拟 CPU,这些虚拟 CPU 在系统中是相互隔离的。

二、内存虚拟化

内存虚拟化技术就是把物理机的内存进行统一管理,虚拟封装成虚拟机所使用的虚拟内存,以提供给每个虚拟机进行使用,将虚拟内存空间独立提供给虚拟机中的进程。内存技术与 CPU 技术的重要性同等重要,访问次数同等频繁。

虚拟内存实现就在于对物理内存进行管理,按虚拟层对内存的需求划分物理内存,建立虚拟层所需内存地址与物理机内存地址的映射关系,保证虚拟层的内存访问在虚拟内存和物理机内存的连续和一致。

映射关系的技术实现是内存虚拟化的核心。

早期内存管理技术,是通过基于硬件的内存扩展和优化程序的软件方法实现的,成本高昂。虚拟内存技术因此诞生,通过 CPU 的内存管理单元和页表转换技术,提升了内存性能,维护了基于应用程序所能看到的虚拟内存和物理内存的映射关系。虚拟内存管理引入了虚拟物理内存和机器内存的概念,以此建立虚拟内存地址与物理机内存地址的映射关系,如图 3-2 所示。

虚拟层中的进程使用的逻辑内存与虚拟物理内存建立一级映射地址关系,虚拟物理内存与物理机的机器内存建立二级映射地址关系。

具体映射地址维护的管理技术有以下两种。

一是影子页表法,如图 3-3 所示。操作系统维护自己的页表,页表中的内存地址反映一

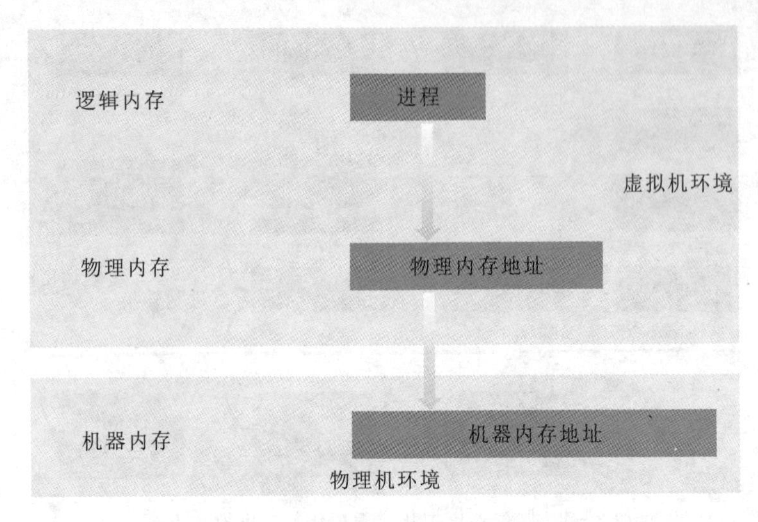

图 3－2　虚拟内存地址映射关系

级映射关系，虚拟层的页表反映二级映射关系。一级映射关系和二级映射关系拥有共同的虚拟物理内存地址的变量，当操作系统访问内存页表时，对页表就要进行读写地址的操作，一级映射关系发生变化，通过一级映射中虚拟物理地址的变化，传递至二级映射关系，二级映射关系中虚拟物理地址的变化会导致物理机机器内存地址的变化，从而建立了新的内存地址映射关系，这种传递式的映射管理方法，类似人的影子一样，随人的变化而变化，都是基于本身的。

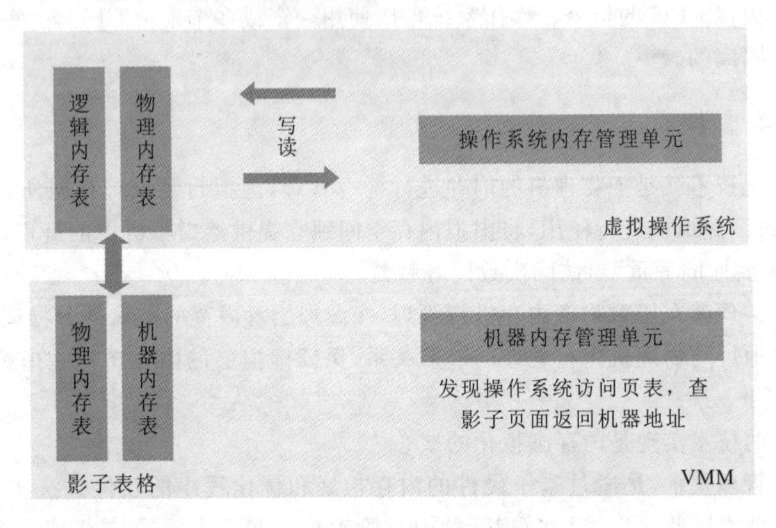

图 3－3　影子页表实现框图

二是页表写入法，直接为操作系统建立逻辑内存与机器内存的映射关系，如图 3－4 所示。当操作系统访问页表时，由虚拟内存管理单元完成对页表内存地址的操作，直接返回机器内存和虚拟内容地址的映射关系，操作系统始终能看清真实的机器地址，但每次操作系统对内存页表的访问，都要依靠虚拟层的监视器进行。

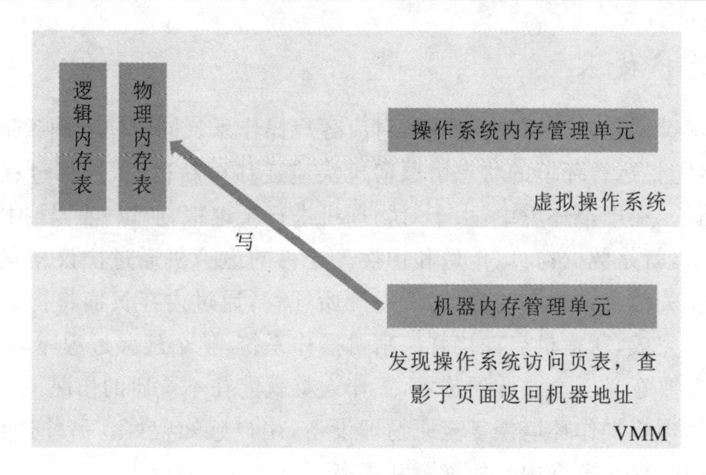

图 3-4　页表写入实现框图

三、设备、I/O和网口虚拟化

显然，除了CPU和内存之外，整个物理机和I/O都需要虚拟化，把物理设备统一管理，封装成多个虚拟设备给虚拟机使用，以响应虚拟机的设备访问和I/O请求。目前的实现方案多以软件实现。虚拟化的平台提供了丰富的设备和I/O虚拟功能，能把物理设备虚拟成标准的虚拟设备，虽然在型号、配置和参数等方面与物理机存在一定的差异，但虚拟设备只需模拟物理设备的动作，在虚拟机和物理机之间传递运行操作信息和运行结果。这样做的好处是降低了对底层硬件的依赖，始终面向虚拟机的是标准化设备，只要虚拟平台一致，虚拟机就可以在不同的物理机上进行迁移。

另外，网口的虚拟化是比较重要的。网口是服务器与外界联系的重要关口，是IT与通信的结合点。虚拟服务器实质就是逻辑服务器，虚拟服务器之间的通信仍需通过网络接口进行。虚拟机都有一个虚拟网口，虚拟机会认为是块标准的虚拟网卡。在虚拟网卡实现中，必须对宿主操作系统的网络接口驱动进行更改，目的是在物理网卡之上，虚拟一个交换机，负责内部虚拟机和外部的数据包转发，其转发机理与实际交换机相同，仍运行在数据链路层中，转发过程不依靠硬件，通过虚拟平台软件管理方式进行，如图3-5所示。

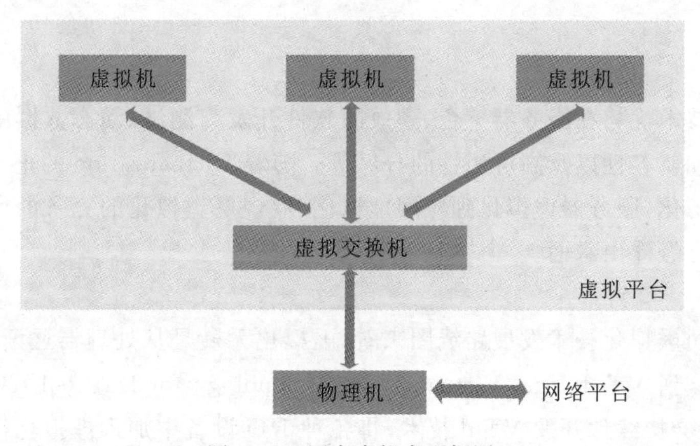

图 3-5　网卡虚拟实现框图

四、实时迁移技术

实时迁移技术类似基站软切换的机理，对应客户操作系统同时建立两条链路连接，在虚拟机运行过程中，将完整运行环境的状态由原宿机快速迁移至新宿机，迁移过程平缓，用户在极短时间内不能察觉。在虚拟环境中，由于对物理机进行了虚拟，所以能跨异构的硬件平台。

实时迁移技术，就是数据拷贝、传送和切换。迁移的虚拟机通过协议相互联系，首先启动原宿机操作系统相关信息和状态的拷贝，然后开始迁移，通过内存页面将拷贝移至新的宿机，最后内存传送拷贝完成，新宿机启动接管原宿机操作系统，整个迁移过程完成。实时迁移技术对于硬件维护有重要意义。通过此项技术，工作人员就能在不重启的情况下，对物理设备进行维护，维护完成后，再将操作环境恢复至原物理设备，用户感知很好。另外迁移可用于资源的整合，在平台上迁移，提高数据中心的资源利用率。

第二节　服务器虚拟化主流厂商简介

在众多虚拟化技术的快速发展下，涌现出一批技术领先的厂商，软件领域有 VMware、Citrix 和 Microsoft，硬件方面有 INTEL 和 AMD。

1. VMware

VMware 公司拥有范围最广的产品线和管理软件，而且现在他们的路线图已经扩展到除了最见长的服务器虚拟化之外的领域。VMware 长期以来凭借其基于硬件仿真的产品线成为 X86 虚拟化市场领头羊，其虚拟化平台上建立的一个自动化的数据中心能够通过整合资源池和使用 VMware vSphere 提供高可用性的机器，VMware 用户一般能够将整个 IT 成本减少 50%～70%。

2. Citrix

Citrix 将自己定位成一家能够帮助将所有 IT 操作集成到企业数据中心的厂商，走与 VMware 完全不同的路线，Citrix 专门提供 Citrix Presentation Server（XenApp）技术和访问机制。而且，Citrix 还提供虚拟桌面所需的基础架构。通过在 2007 年收购 XenSource，Citrix 获得了在服务器中整合虚拟机所需要的 Hypervisor 技术，计划成为云计算和 SaaS 领域的主要厂商。

3. Microsoft

微软虚拟化技术优势在服务器整合、高效的软件开发与测试、动态数据中心资源管理、应用程序更换宿主和兼容性以及高可用性的分区等。随着 Virtualization 的正式推出，微软已经拥有了从桌面虚拟化、服务器虚拟化到应用虚拟化、展现层虚拟化的完备的产品线，其全面出击的虚拟化战略已经浮出水面。

4. INTEL

从英特尔公司虚拟化技术发展路线图来看，虚拟化无疑是从处理器逐渐扩展到其他设备的，从 VT-i/VT-x 到 VT-d(Intel Virtualization Technology for Directed I/O)体现了这个过程，未来英特尔将会持续地开发 VT-d 技术，将各种 I/O 设备中加入虚拟化特性，从而提供一个强大的虚拟化基础架构。

5. AMD

AMD公司的虚拟化技术是向X86系统架构的一系列硬件扩展，旨在降低虚拟化解决方案的性能开销。比较值得关注的"Pacifica"虚拟化技术大大提高了台式处理器的运行能力，最突出的地方在于对内存控制器的改进方面。与过去的方法来进行虚拟应用不同，这项新的技术能够减少程序的复杂性，提高虚拟系统的安全性，并通过兼容现有的虚拟系统管理软件来减少花费在虚拟管理系统上的费用。

第三节　桌面虚拟化关键技术解析

虚拟桌面是典型的云计算应用，它能够在云中为用户提供远程的计算机桌面服务。服务提供者在数据中心服务器上运行用户所需的操作系统和应用软件，然后用桌面显示协议将操作系统桌面视图以图像的方式传送到用户端设备上。同时，服务器对用户端的输入进行处理，并随时更新桌面视图的内容。

一、虚拟化技术

基于VDI的虚拟桌面解决方案需要为用户提供专属的虚拟机，并主要提供闭源Windows操作系统的桌面。因此，当前支撑VDI虚拟桌面的虚拟机普遍基于完全虚拟化技术，例如VMware的ESX虚拟机、Microsoft的Hyper-V虚拟机、Red Hat集成在Linux内核之中的KVM虚拟机以及Citrix采用完全虚拟化的Xen虚拟机等。总体而言，不同厂商的服务器虚拟化产品在技术本质上逐渐趋于一致，因此单台虚拟机的性能差异并不明显，但是不同的服务器虚拟化管理软件在功能、性能、易用性等方面尚有差距。对于虚拟桌面而言，主要体现在虚拟机的供给和部署方式以及由此产生的相关差异上，这将成为服务器虚拟化技术选择的关键。

基于SBC的虚拟桌面解决方案直接利用服务器版Windows的多用户环境，使各用户能够同时在同一服务器上获得属于自己的应用。因为服务器版Windows已经能够较好地提供相关服务，所以这类解决方案的门槛较低。当前，主流厂商中的Citrix和Microsoft发布有相关产品，其核心是对用于传输视图内容的桌面显示协议进行优化，以获得比其他产品更好的用户体验。

二、桌面显示协议

桌面显示协议是影响虚拟桌面用户体验的关键，当前主流的显示协议包括PCoIP、RDP、SPICE、ICA等，并被不同的厂商所支持。

传输带宽要求的高低直接影响了远程服务访问的流畅性。ICA采用具有极高处理性能和数据压缩比的压缩算法，极大地降低了对网络带宽的需求。图像展示体验反映了虚拟桌面视图的图像数据的组织形式和传输顺序。其中PCoIP采用分层渐进的方式在用户侧显示桌面图像，即首先传送给用户一个完整但是比较模糊的图像，在此基础上逐步精化，相比其他厂商采用的分行扫描等方式，具有更好的视觉体验。

双向音频支持需要协议能够同时传输上下行的用户音频数据(例如语音聊天)，而当前的PCoIP对于用户语音上传的支持尚存缺陷。

视频播放是检测传输协议的重要指标之一，因为虚拟桌面视图内容以图片方式进行传输，所以视频播放时的每一帧画面在解码后都将转为图片从而导致数据量的剧增。为了避免网络拥塞，ICA采用压缩协议缩减数据规模但会造成画面质量损失，而SPICE则能够感知用户侧设备的处理能力，自适应地将视频解码工作放在用户侧进行。

用户外设支持能够考查显示协议是否具备有效支持服务器侧与各类用户侧外设实现交互的能力，RDP和ICA对外设的支持比较齐备（例如支持串口、并口等设备），而PCoIP和SPICE当前只实现了对USB设备的支持。传输安全性是各个协议都很关注的问题，早期的RDP不支持传输加密，但在新的版本中有了改进。

桌面显示协议是各厂商产品竞争的焦点，其中，RDP和ICA拥有较长的研发历史，PCoIP和SPICE相对较新但也日渐成熟，特别是SPICE作为一个开源协议，在社区的推动下发展尤其迅速。

三、用户个性化配置

个性化配置是虚拟桌面用户的必然需求。当前的主流厂商产品普遍采用了Microsoft的AD域控机制进行用户的管理和认证，并将用户身份与包含其个人桌面设置需求的描述文件相关联。当用户访问虚拟桌面时，在对其身份进行认证后，即可为其交付具有不同安全级别、不同应用权限的个性化虚拟桌面。

在基于VDI的虚拟桌面解决方案中，因为每个用户在虚拟机配置、操作系统映像、用户应用部署等多个层次上具有不同的需求，所以用户描述文件非常复杂而且相关的文件规模也比较庞大（例如用户专属的操作系统映像文件）。当前，各个厂商正在针对如何减少用户数据量进行产品改进，例如VMware的Linked Clone技术能够基于一个主镜像定制出多个虚拟桌面从而减少存储空间。

在基于SBC的虚拟桌面解决方案中，因为服务器版Windows已经能够做到以应用的粒度设置用户权限，所以其用户描述文件比较简单。

第四节　影响桌面虚拟化的重要因素

桌面虚拟化得到快速的发展，但是很多人也有不同的看法，如果采用桌面虚拟化的主要目的仅仅是为了降低成本，那么有可能进入一个误区。很多人忽视了桌面虚拟化在应用中的实际情况，客户端本地操作系统还必须安装（这说明IT部门要管理本机和VDI两套系统），实现完善的桌面虚拟化环境还意味着需要在核心设施上增加投入，包括面向桌面虚拟化的高可靠性存储、服务器和新的终端设备。桌面虚拟化的软件授权也是一笔费用，全部下来比传统的IT基础架构的成本只会高不会低。下面就一些因素进行讨论。

一、存储因素

部署一个桌面虚拟化系统需要考虑很多的因素，而在这些因素中，存储系统是最重要的因素之一。判定一个桌面虚拟化系统是否成功的最重要的标准就是用户体验，而存储系统则很大地影响这种用户体验。很多桌面虚拟化存储性能计算器在预测用户工作时的存储性能方面表现很好，但是Windows在启动和登录方面并不是一个特别有效率的操作系统。大量Windows系统在同时启动和登录的时候对桌面虚拟化系统来说将会产生所谓的“启动风暴”或“登录风暴”。在最糟糕的情况下，虚拟桌面从启动到加载完成往往需要十几分钟甚至数小时，这对于终端用户来说都是灾难性的。所以 IT 部门如果准备部署桌面虚拟化，一定要确保存储系统的写入吞吐速度能经受“启动风暴”和“登录风暴”。

所以为了让存储设备更快更高效，可采取一些方法，例如增加足够多高速硬盘来分担数据读写操作(条带化的数据读写可以增加存储的性能及响应速度，这也是 Raid 0 等 Raid 技术存在的主要原因)；将存储网络链路升级为多条更快的链路(如双 8G 光纤网络，双存储交换机，双 HBA 卡等)；选购存储时买大缓存空间的存储等。

二、I/O 负载因素

桌面虚拟化系统遇到的另外一个重要的问题就是会遇到 I/O 高峰，当很多客户端在同一时间内启动并从服务器上下载系统，或是当大量用户下班时在同一时间注销系统并将所做的修改发回服务器时都会对桌面虚拟化服务器的 I/O 产生很大的考验，如果不能应对这些 I/O 高峰问题，那么就会极大地影响用户的使用，例如用户不能顺利进入系统或是修改的数据丢失而没有保存。所以在设计桌面虚拟化系统时要让服务器从容应对 I/O 高峰。

随着价格的降落，固态硬盘目前正在成为非常流行的桌面虚拟化部署设施，它具有低延时和良好的 I/O 访问。如果要让内存和存储资源都发挥最大的效率，可以考虑使用 SSD 固态硬盘。如今，固态硬盘往往和传统的硬盘混合出现在存储系统中。

三、网络带宽因素

网络带宽对于桌面虚拟化系统是非常重要的，如果系统所使用的网络拥有足够的带宽，丢包和延时很少，用户的体验度就会很满意。但是在广域网中，网络情况比较复杂，有延时的不可预料性，这样虚拟桌面的传输就会受到很大影响，所以要尽量在网络带宽好的环境中使用桌面虚拟化，带给用户良好的体验。

四、信息安全因素

首先桌面虚拟化的服务器要有严格的身份认证和细粒度访问权限控制，只能有权限的人才能进入桌面虚拟化管理软件。其次对于服务器的 USB 和串并口也要控制，不能随意开放使用，防止病毒通过这些介质入侵服务器。在服务器端还要安装杀毒软件和防火墙，防止通过网络途径的病毒入侵。存放在服务器上的系统镜像要进行加密存储，防止镜像被病毒入侵或者是被任意修改。

桌面虚拟化与非虚拟化的传统的安全防护相比，不光要在物理机的层面上进行防护，还要增加对虚拟机层面的防护，这样才能全方位保障。

第五节　服务器虚拟化与桌面虚拟化的对比分析

一、服务器虚拟化与桌面虚拟化的共性

服务器虚拟化与桌面虚拟化(VDI 架构)，在服务器端的构造是比较相似的，可以认为，服务器虚拟化是相当于把不同的服务器虚拟到一台服务器上；而桌面虚拟化在服务器端，想象是

把不同的 PC 机虚拟到一台服务器上。所以，服务器虚拟化与桌面虚拟化具有以下共性。

1. 分区

分区意味着虚拟化层为多个虚拟机划分服务器资源的能力；每个虚拟机可以同时运行一个单独的操作系统(相同或不同的操作系统，如 E-mail 系统，ERP 系统，OA 系统，Windows 桌面系统)，能够在一台服务器上运行多个应用程序；每个操作系统只能看到虚拟化层为其提供的"虚拟硬件"(虚拟网卡、SCSI 卡等)，使其认为它是运行在自己的专用服务器上。

2. 隔离

虚拟机以许多方式互相隔离：①一个虚拟机的崩溃或故障(例如，操作系统故障、应用程序崩溃、驱动程序故障等)不会影响同一服务器上的其他虚拟机；②一个虚拟机中的病毒、蠕虫等与其他虚拟机相隔离，就像每个虚拟机都位于单独的物理机器上一样在我们的高级服务器虚拟化产品中可以进行资源控制以提供性能隔离；③可以为每个虚拟机指定最小和最大资源使用量，以确保某个虚拟机不会占用所有的资源，从而使得同一系统中的其他虚拟机无资源可用。由于这种隔离，使得单一机器上同时运行多个负载/应用程序/操作系统，而不会出现传统 X86 服务器体系结构的局限性时所提到的那些问题(应用程序冲突、DLL 冲突等)。

3. 封装

封装意味着将整个虚拟机(硬件配置、BIOS 配置、内存状态、磁盘状态、I/O 设备状态、CPU 状态、用户数据)储存在独立于物理硬件的一个文件或者一小组文件中。这样，只需复制几个文件就可以随时随地根据需要复制、保存和移动虚拟机(虚拟服务器或者虚拟 PC 机)。

4. 独立

因为虚拟机运行于虚拟化层之上，所以它们只能看到虚拟化层提供的虚拟硬件。此虚拟硬件也同样不必考虑物理服务器的情况。这样，虚拟机就可以在任何 X86 服务器(IBM、Dell、HP、Xeon、Opteron 等)上运行而无需行任何修改；打破了操作系统和硬件以及应用程序和操作系统/硬件之间的约束。

二、服务器虚拟化与桌面虚拟化的区别

1. 技术侧重点

服务器虚拟化和桌面虚拟化，有很多技术是相同的，而且从目前市场来看，有桌面虚拟化产品的厂家，基本也都有服务器虚拟化产品，两者的技术通性比较强。但是由上文所示，服务器虚拟化的主要侧重点在 CPU 虚拟化、内存虚拟化、设备、I/O、网口虚拟化以及实时迁移技术；桌面虚拟化的侧重点在于桌面显示协议、用户个性化配置等方面。

2. 数据迁移

通常服务器虚拟化会面临一个数据迁移的问题，尤其是大型服务器系统从实体服务器向新建的虚拟服务器上迁移的过程中。对于一些大型系统，有很多结构化数据，很难改变，如果重做数据，代价很大。因此，在服务器虚拟化过程中，需要专业的数据迁移工具，不少服务器虚拟化厂商都有自己的数据迁移 P2V 工具。

但是，对于桌面虚拟化，通常很少涉及到数据迁移的内容。

3. 客户群分布

从市场上看，服务器虚拟化与桌面虚拟化的客户群分布不一样：服务器虚拟化的主要客户和传统服务器市场客户基本一致；而桌面虚拟化的主要客户和传统 PC 机的市场客户基本一

致。由于服务的客户群体不一样,服务器虚拟化和桌面虚拟化的评价衡量标准也有差别。本书侧重于讲述桌面虚拟化的应用,重点讲述桌面虚拟化的评价标准,供读者参考。

第六节　桌面虚拟化的几个衡量标准

桌面虚拟化与服务器虚拟化技术侧重点不一样,目标客户群也不一样,所以二者之间衡量标准也应该是不尽相同的。目前市场上的厂商,有桌面虚拟化产品的厂商,基本上也都有服务器虚拟化产品。忽视二者之间的差别,一概而谈两类产品的竞争力,显然是不科学不准确的。

如上所述,服务器虚拟化和桌面虚拟化属于两类不同的技术,存在明显的差别。目前市场上服务器虚拟化产品做得好的企业,并不能代表桌面虚拟化产品也一定很好。没有比较就没有鉴别,本书从探讨桌面虚拟化衡量标准的角度出发,结合教育行业对桌面虚拟化的特殊需求,给出分辨不同桌面云系统的基本思路。鉴于目前市场上还没有一个权威的衡量标准,本节内容还是有理论和应用价值的。

一、高清视频

市场上的桌面虚拟化产品很多,但是如何衡量桌面虚拟化产品的优劣呢?高清视频是业界公认的衡量标准。

1. HTDV 高清视频

要解释 HDTV,我们首先要介绍 DTV。DTV 是一种数字电视技术,是目前传统模拟电视技术的接替者。所谓的数字电视,是指从演播室到发射、传输、接受过程中的所有环节都使用数字电视信号,或对该系统所有的信号传播都是通过由二进制数字锁构成的数字流来完成的。数字信号的传播速率为 19.39Mb/s。如此大的数据流传输速度保证了数字电视的高清晰度,克服了模拟电视的先天不足,同时,由于数字电视可以允许几种制式信号的同时存在,每个数字频道下又可以分为若干个子频道,能够满足以后频道不断增多的需求。HTDV 是 DTV 标准中最高的一种,即 High Definition TV,简称为 HDTV。

HDTV 规定了视频必须至少具备 720 线非交错式(720P,即常说的逐行)或 1080 线交错式隔行(1080i,即常说的隔行),品目纵横比为 16∶9。音频输出为 5.1 声道(杜比数字格式),同时能兼容接受其他较低格式的信号并进行数字化处理重放。

HDTV 有 3 种显示格式,分别是:720P(1280×720P,非交错式),1080i(1920×1080i,交错式),1080P(1920×1080P,非交错式)。其中尤其以 720P 和 1080P 最为流行。

2. 为什么用高清视频作为衡量标准

与传统的电脑相比,桌面虚拟化的工作原理是完全不一样的。传统的电脑,所有的运算都是在主机上运行,然后图像通过系统总线传给电脑显示器。但是作为云计算,采用“服务器+软件+云终端”的工作模式。对于云计算而言,所有的运算都在服务器端运行,然后服务器端运行的结果,通过网络传送到云终端上,并最终显示在与云终端相连的显示器上。

打个简单的比方,如果传统电脑的显示器帧频为每秒 60 帧,那么可以理解为电脑主机每秒通过系统总线传送了 60 帧画面到显示器上。这对于普通的电脑而言,非常容易实现。

但是,对于桌面虚拟化而言,编解码和运算需要在服务器上完成,然后画面通过网络传送给云终端,继而再经过云终端处理后,传送给显示器。服务器的运算速度、网络的延时影响、云终端的转换能力都会对系统造成影响。

这个时候用高清视频作为衡量标准就非常具有代表性。因为播放高清视频的时候,整个云计算系统从服务器端到云终端传送的数据量特别巨大,这样就可以检验桌面云系统处理的数据以及用户体验的优劣。

如果采用桌面云系统看高清视频没有丢帧或者卡顿的现象,那么电脑其他的操作都会很流畅,客户体验自然会很好。如果看高清视频有明显的卡顿、丢帧、音像不同步等现象,那么客户体验自然不好。比如遇到网页嵌套视频,或者 Office 里面遇到动画或者一切复杂的切换效果的时候,桌面云系统也会出现卡顿现象,严重影响客户使用体验。

3. 高清视频不建议使用云终端资源

目前,高清视频已经成为了很多客户的关注点,同样也是很多生产厂家的关注点,但是不同的厂商解决高清视频的方式却是不一样的。有一些方式是通过本地云终端来播放高清视频,这种方式有一些弊端。如果采用本地云终端内置的解码芯片来播放高清视频,首先需要把视频流下载到本地云终端上,这样会消耗网络资源;同时,如果想快速预览视频的时候,会出现缓冲、等待。此外,云终端上的处理芯片,能力不一,处理性能相对有限,并不能支持所有的视频格式和视频播放软件,给用户的使用带来一定的不便。

4. 通过高清视频并发判断服务器性能

桌面云系统有别于传统电脑的工作方式。桌面云系统的服务器上需要承担很多用户的计算,那么一台服务器,承担很多用户的计算之后,服务器的负载高低,是判断云计算对服务器使用率的一个重要标准。通过所有的用户,同时播放高清视频,这种大数据,大解码的并发操作,是衡量服务器性能的一个优质标准。

目前,业界对服务器的使用方式也是不一样的,有一部分是动态资源分配,有一部分是静态资源分配。例如,给一个用户分配了 3G 内存,如果这个用户只使用了 2G 内存,那么余下的 1G 内存,如果被系统回收,放在资源池里,就属于资源动态分配。如果这 1G 内存就算不用,也会保留给这个用户,就属于资源静态分配。很显然,资源的动态分配效率要高于资源的静态分配,而且动态分配也更符合云系统资源共享的概念。

二、外设支持

对外设的支持,是桌面云和传统 PC 机的一个重要的区别。传统 PC 机,在接入各种外设时,均在 PC 机本地处理。基本上,所有的外设都是基于 PC 机模式来设计的,但是采用桌面云方案之后,之前 PC 机本地处理的外设,需要重定向到服务器端处理,这与传统 PC 机模式区别很大。

桌面云环境下外设重定向(以 USB 为例)处理时序工作原理如图 3-6 所示。

由于不同的外设,在桌面云环境下,解析协议各不相同,在传统 PC 机下能正常工作的各种外设,在桌面云环境下,可能会面临不可识别或不可用等问题。另外,不同的外设,所需要的驱动程序也各不相同,所以,外设重定向成为桌面云系统一个技术考量重点。

目前,市场上的外设种类繁多,从接口来看,主要包括:串口、并口、USB 接口、VGA 接口、HDMI 接口等。其中 VGA 接口或者是 HDMI 接口,是显示接口,基本是 PC 机或者云终端必须具备的。串口和并口等接口,相对而言不是特别多了,通常在一些科研环境下,还留存有串口和并口,多作为实验用途,目前使用最广泛的是 USB 接口,尤其是 USB 2.0 和 USB 3.0 接

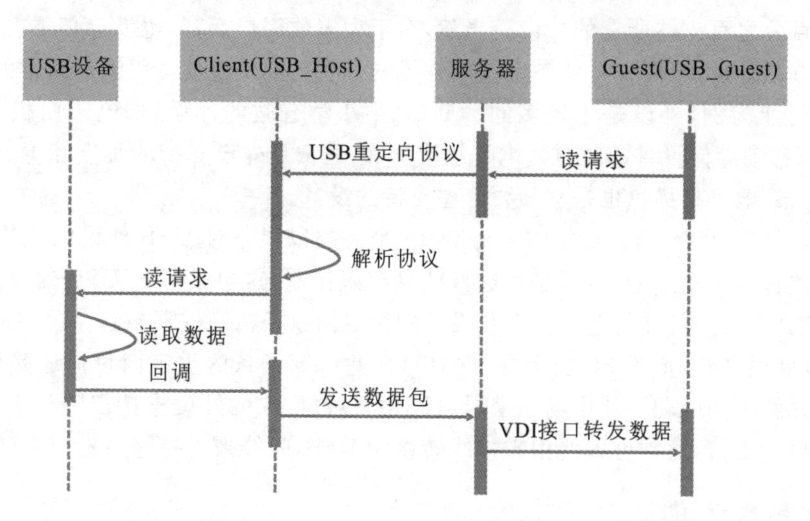

图 3-6 桌面云环境下外设重定向处理时序工作原理

口,使用十分广泛。

1. USB接口的发展和优势

USB 1.0是在1996年出现的,速度只有1.5Mb/s,1998年升级为USB 1.1,速度大大提升到12Mb/s。在部分旧机器上还能看到这类标准接口。

USB 2.0规范是由USB 1.1演变而来的。它的传输速率达到了480Mb/s,折算为MB为60MB/s,足以满足大多数外设的速率要求。

USB 3.0由Intel、微软、惠普、德州仪器、NEC、ST-NXP等业界巨头组成的,USB 3.0 Promoter group宣布,该组织负责制定的新一代USB 3.0标准已经正式完成并公开发布。USB 3.0的理论速度为5.0 Gb/s,其实只能达到理论值的50%,接近于USB 2.0的10倍。USB 3.0的物理层采用8b/10b编码方式,这样算下来的理论速度也就4Gb/s,实际速度还要扣除协议开销,在4Gb/s基础上要再减少一点。可广泛用于PC外围设备和消费电子产品。

USB设备主要具有以下优点。

(1)可以热插拔。就是用户在使用外设时,不需要关机再开机等动作,而是在电脑工作时,直接将USB插上使用。

(2)携带方便。USB设备大多以“小、轻、薄”见长,对用户来说,随身携带大量数据时,很方便。当然USB硬盘是首要之选了。

(3)标准统一。大家常见的是IDE接口的硬盘、串口的鼠标键盘、并口的打印机扫描仪,可是有了USB之后,这些应用外设统统可以用同样的标准与个人电脑连接,这时就有了USB硬盘、USB鼠标、USB打印机等。

(4)可以连接多个设备。USB在个人电脑上往往具有多个接口,可以同时连接几个设备,如果接上一个有4个端口的USB HUB时,就可以再连上4个USB设备。以此类推,尽可以连下去,将你家的设备都同时连在一台个人电脑上而不会有任何问题(注:最高可连接至127个设备)。

2. 外设权限控制的精度和广度

对外设的支持,是虚拟化领域的一项技术难点和技术重点。确切地说,目前还没有任何一家厂商可以百分之百支持所有的外设。当然，对于大多数用户而言，也没有必要去要求虚拟化系统支持所有的外设，只要支持业务系统中常见的一些基本外设就可以满足通常的需求。

以教育行业为例，外设是比较多的。例如，中小学普教的外设，如电子白板、电子教鞭、USB加密狗、移动存储设备、高拍仪、电子触摸屏等，通常是外设支持的难点和重点；在图书馆中，一卡通设备、电子扫描枪也是必须要考虑支持的设备。

按照总类划分，USB外设可粗略划分为15个大类以上。对USB外设的支持，除了要求支持的设备覆盖面比较广之外，还需要进行精确权限控制，这也是考量USB外设优劣的一个重要指标，尤其在某些特殊行业，对USB设备的重定向以及精确权限控制存在一定需求。

除USB外设之外，传统PC机上常见的串口、并口等设备的重定向目前还是虚拟化领域一个还未成熟解决的问题。从市场上来看，目前大多数厂家的外设支持仅限于USB设备，对于串口和并口的支持，通常可以使用转接线转接为USB，间接来支持这些复杂接口。

三、服务器优化

采用桌面云虚拟化方案之后，所有的计算与存储资源都集中化了。这种集中化的系统大大提高了资源的使用和维护效率，但在稳定性方面也面临更大的考验。传统的PC机，如果出现问题，受影响的用户很少；而采用桌面云方案之后，如果服务器出现问题，影响的用户会较多，后果也会恶劣很多。所以，在云计算系统中，服务器的优化也是一个重要的考量环节。

服务器的考量依据以下两个要素：第一是集群高可用性；第二是外接存储方式。

1. 集群高可用性

服务器集群是指将很多服务器集中起来一起进行同一种服务，在客户端看来就像是只有一个服务器。集群可以利用多个计算机进行并行计算从而获得很高的计算速度，也可以用多个计算机作备份，从而使得任何一个机器坏了整个系统还能正常运行，一旦在服务器上安装并运行了集群服务，该服务器即可加入群集。集群化操作可以减少单点故障数量，并且实现了集群化资源的高可用性。

2. 数据存储

服务器虚拟化中存在以下3种数据存储方式。

1）DAS(Direct Attached Storage)直接附加存储方式

DAS这种存储方式与我们普通的PC存储架构一样，外部存储设备都是直接挂接在服务器内部总线上，数据存储设备是整个服务器结构的一部分。

DAS存储方式主要适用以下环境：①小型网络。因为网络规模较小，数据存储量小，且也不是很复杂，采用这种存储方式对服务器的影响不会很大，并且这种存储方式也十分经济，适合拥有小型网络的企业用户。②地理位置分散的网络。虽然企业总体网络规模较大，但在地理分布上很分散，通过SAN或NAS在它们之间进行互联非常困难，此时各分支机构的服务器也可采用DAS存储方式，这样可以降低成本。③特殊应用服务器。在一些特殊应用服务器上，如微软的集群服务器或某些数据库使用的原始分区，均要求存储设备直接连接到应用服务器。

2）NAS(Network Attached Storage)数据存储方式

NAS（网络附加存储）方式则全面改进了以前低效的DAS存储方式。它采用独立于服务器，单独为网络数据存储而开发的一种文件服务器来连接所存储设备，自形成一个网络。这样数据存储就不再是服务器的附属，而是作为独立网络节点而存在于网络之中，可由所有的网络用户共享。

NAS的特点如下:①真正的即插即用。NAS是独立的存储节点存在于网络之中,与用户的操作系统平台无关,真正的即插即用。②存储部署简单。NAS不依赖通用的操作系统,而是采用一个面向用户设计的、专门用于数据存储的简化操作系统,内置了与网络连接所需要的协议,因此使整个系统的管理和设置较为简单。③存储设备位置非常灵活。④管理容易且成本低。

NAS数据存储方式是基于现有的企业Ethernet而设计的,按照TCP/IP协议进行通信,以文件的I/O方式进行数据传输。

3)SAN(Storage Area Network)存储方式

1991年,IBM公司在S/390服务器中推出了ESCON(Enterprise System Connection)技术。它是基于光纤介质,最大传输速率达17MB/s的服务器访问存储器的一种连接方式。在此基础上,进一步推出了功能更强的ESCON Director(FC SWitch),构建了一套最原始的SAN系统。

SAN存储方式创造了存储的网络化。存储网络化顺应了计算机服务器体系结构网络化的趋势。SAN的支撑技术是光纤通道(Fiber Channel,FC)技术。它是ANSI为网络和通道I/O接口建立的一个标准集成。FC技术支持HIPPI、IPI、SCSI、IP、ATM等多种高级协议,其最大特性是将网络和设备的通信协议与传输物理介质隔离开,这样多种协议可在同一个物理连接上同时传送。

SAN的硬件基础设施是光纤通道,用光纤通道构建的SAN由以下3个部分组成:①存储和备份设备,包括磁带、磁盘和光盘库等;②光纤通道网络连接部件,包括主机总线适配卡、驱动程序、光缆、集线器、交换机、光纤通道和SCSI间的桥接器;③应用和管理软件,包括备份软件、存储资源管理软件和存储设备管理软件。

SAN的优势如下:①网络部署容易。②高速存储性能。因为SAN采用了光纤通道技术,所以它具有更高的存储带宽,存储性能明显提高。SAN的光纤通道使用全双工串行通信原理传输数据,传输速率高达1062.5Mb/s。③良好的扩展能力。由于SAN采用了网络结构,扩展能力更强。光纤接口提供了10km的连接距离,这使得实现物理上分离、不在本地机房的存储变得非常容易。

3.外接存储支持

大数据是与云计算密切相关的概念,尤其是在企业办公、学术科研等场景,有很多重要数据,安全性要求较高,数据量也较大。这种场景下的云计算系统通常会有配套的存储设备,这些特点要求虚拟化系统要支持外接存储设备,如对各种存储网络的支持等。否则,将会极大地制约虚拟化使用效率。

第四章　桌面虚拟化的主流平台/协议

第一节　两类桌面虚拟化模式

用户对于类似虚拟桌面的体验并不陌生，其前身可以追溯到 Microsoft 在其操作系统产品中提供的终端服务和远程桌面，但是它们在实际应用中存在着不足。例如之前的终端服务只能够对应用进行操作，而远程桌面则不支持桌面的共享。虚拟化技术的发展使虚拟桌面获得了长足的发展，当前虚拟桌面解决方案主要分为 VDI(Virtual Desktop Infrastructure)和 SBC(Server-Based Computing)两大类。

一、VDI(Virtual Desktop Infrastructure)

基于 VDI 的虚拟桌面解决方案的原理是在服务器侧为每个用户准备其专用的虚拟机并在其中部署用户所需的操作系统和各种应用，然后通过桌面显示协议将完整的虚拟机桌面交付给远程的用户，因此，这类解决方案的基础是服务器虚拟化。服务器虚拟化主要有完全虚拟化和部分虚拟化两种方法：完全虚拟化能够为虚拟机中的操作系统提供一个与物理硬件完全相同的虚拟硬件环境；部分虚拟化则需要在修改操作系统后再将其部署进虚拟机中。两种方法相比，部分虚拟化通常具有更好的性能，但是它对虚拟机中操作系统的修改增加了开发难度并影响操作系统兼容性，特别是 Windows 系列操作系统是当前用户使用最为普遍的桌面操作系统，而其闭源特性导致它很难部署在基于部分虚拟化技术的虚拟机中。因此，基于 VDI 的虚拟桌面解决方案通常采用完全虚拟化技术构建用户专属的虚拟机，并在其上部署桌面版 Windows 用于提供服务，但也有部分方案对 Linux 桌面提供支持。

基于 VDI 的虚拟桌面解决方案可以为每个用户分配属于自己的工作桌面，可以通过任何网络安全地交付给任何设备，每台服务器约能支持 20～60 个桌面，并且在后台每个用户对应一个小的虚拟机，用户登录后可以在后台的“应用超市”中选择自己所需要的应用来构建自己的工作环境，而本机就可以作为自己的个人环境。这种方式突出了 VDI 集中管理、个性化配置的核心特点。该方案通常适用于办公人员和应用相对复杂、用户个性化需求相对较高的场景。

在 VDI 的方式下，根据其桌面镜像管理方式的不同，又可分为 1∶1 镜像和 1∶N 镜像两种模式。

1. 1∶1 镜像模式

这种模式是指用户和后台虚拟机一对一地进行绑定，用户对虚拟桌面的修改会保存在虚拟机中。该模式适合用户对于虚拟机有较高的个性化要求的场景，其实现比较简单，但是它对镜像的管理和控制却比较松散。

2. 1∶N 镜像模式

该模式是指从一个磁盘镜像中启动多个用户的虚拟机，这些虚拟机的系统磁盘保持只读状态，用户的个性化配置数据以及个性化应用都通过后端的户配置管理模块和虚拟应用管理模块动态提供。普通用户权限受控，无法对操作系统进行修改，但一对多的理念使得管理简单，同时又不会占用大量存储资源。

二、SBC(Server-Based Computing)

基于SBC的虚拟桌面解决方案是采取会话共享式的操作系统或应用软件的一种方式。其基本原理是在远端数据中心的服务器上统一安装应用软件，用户对远程桌面和相关应用的访问及操作是通过与远程服务器建立的会话来完成，不同用户与服务器之间的会话是彼此透明、完全隔离的，该方案就是在OS事件触发层(事件触发包括：鼠标点击、键盘敲击、I/O操作及网页刷新等)和应用软件层之间插入虚拟化层，从而削弱两个层次之间的紧耦合关系，将两者之间的"紧耦合"变为"松耦合"关系，进而使得各种应用的运行不再受制于本地OS事件触发的驱使。

其实，这种方式在早先的服务器版Windows中已有支持，但是在之前的应用中，用户环境被固定在特定服务器上，导致服务器不能够根据负载情况调整资源配给。另外，之前的应用场景主要是会话型业务，具有局限性，例如不支持双向语音、对视频传输支持较差等，而且服务器和用户端之间的通信具有不安全性。因此，新型的基于SBC的虚拟桌面解决方案主要是在服务器版Windows提供的终端服务能力的基础上对虚拟桌面的功能、性能、用户体验等方面进行改进。

三、VDI是桌面虚拟化的主流

基于VDI和基于SBC的虚拟桌面解决方案的比较见表4-1。

表4-1　基于VDI和基于SBC的虚拟桌面解决方案比较

	VDI	SBC
服务器能力要求	高，需要支持服务器虚拟化软件的运行	低，可以以传统方式安装和部署应用软件，无需额外支持
用户支持扩展性	低，与服务器上能够同时承载的虚拟机个数相关	高，与服务器上能够同时支持的应用软件执行实例个数相关
方案实施复杂度	高，需要在部署和管理服务器虚拟化软件的前提下提供服务	低，只需要以传统方式安装和部署应用软件即可提供服务
桌面交付兼容性	高，支持Windows和Linux桌面及相关应用	低，只支持Windows应用
桌面安全隔离性	高，依赖于虚拟机之间的安全隔离性	低，依赖于Windows操作系统进程之间的安全隔离性
桌面性能隔离性	高，依赖于虚拟机之间的性能隔离性	低，依赖于Windows操作系统进程之间的性能隔离性

从表4-1的比较可以看出，采用基于VDI的解决方案，用户能够获得一个完整的桌面操作系统环境，与传统的本地计算机的使用体验十分接近。在这类解决方案中，用户虚拟桌面能够实现性能和安全的隔离，并拥有服务器虚拟化技术带来的其他优势，服务质量可以得到保

障，但是这类解决方案需要在服务器侧部署服务器虚拟化及其管理软件，对计算和存储资源要求较高，成本较高，因此，基于VDI的虚拟桌面比较适用于对桌面功能需求完善的用户。

采用基于SBC的解决方案，应用软件可以像传统方式一样安装和部署到服务器上，然后同时提供给多个用户使用，具有较低的资源需求，但是在性能隔离和安全隔离方面只能够依赖于底层的Windows操作系统。另外，因为这类解决方案在服务器上安装的是服务器版Windows，其界面与用户惯用的桌面版操作系统有所差异，所以为了减少用户在使用时的困扰，当前的解决方案往往只为用户提供应用软件的操作界面而并非完整的操作系统桌面。因此，基于SBC的虚拟桌面更适合对软件需求单一的内部用户使用。

四、VDI虚拟化的架构

从目前市场主流来看，VDI模式是目前应用较多的桌面虚拟化架构。VDI架构系统大概可以分为4个组成部分，如图4－1所示。

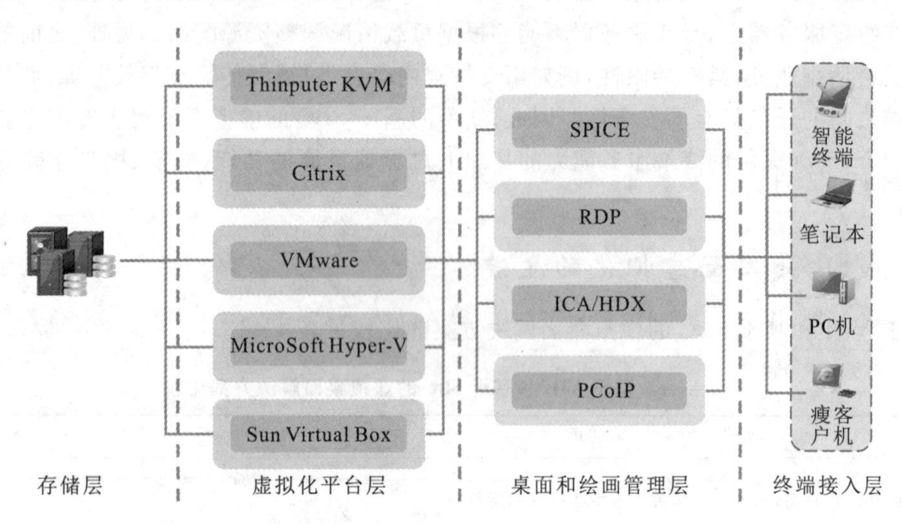

图4－1　VDI架构虚拟化系统的组成

由图4－1所示，VDI桌面虚拟化架构，主要包括存储层、虚拟化平台层、桌面和绘画管理层、终端接入层4部分。其中存储层用来存储系统与用户的数据，通常在大型系统中，存储层常采用专业的外接存储设备，在一些小型系统中，存储层可能直接由服务器上的硬盘充当。虚拟化平台层，主要是服务器，在服务器上完成虚拟桌面的计算、存储等功能。桌面和绘画管理层相当于把服务器上虚拟桌面采用图像的方式传送到终端接入设备上。终端接入层，是终端用户接入系统层面。从整个虚拟化系统来看，最为重要的是虚拟化平台层、桌面和绘画管理层。接下来，本书的讲述重点也会集中在虚拟化平台层与桌面和绘画管理层。

第二节　虚拟化平台层

虚拟化平台层，主要是在服务器上完成虚拟机的计算、存储等功能，相当于把传统PC机的主机，在服务器上虚拟出来，虚拟化平台层的虚拟平台比较多，如：VMware、Xen、KVM、QEMU等，现一一说明如下。

一、VMware

VMware 是 EMC 公司旗下独立的软件公司，1998 年 1 月，Stanford 大学的 Mendel Rosenblum 教授带领他的学生 Edouard Bugnion 和 Scott Devine 及对虚拟机技术多年的研究成果创立了 VMware 公司，主要研究在工业领域应用的大型主机级的虚拟技术计算机，并于 1999 年发布了它的第一款产品：基于主机模型的虚拟机 VMware Workstation。尔后于 2001 年推出了面向服务器市场的 VMware GSX Server 和 VMware ESX Server。如今 VMware 是虚拟机市场上的领航者，其首先提出并采用的气球驱动程序(Balloon Driver)，影子页表(Shadow Page Table)，虚拟设备驱动程序(Virtual Driver)等均已被后来的其他虚拟机如 XEN 采用。

1. VMware Workstation

VMware Workstation 是一个基于主机模型的虚拟机，可以在 Windows NT，Windows 2000 和 Linux 上运行。VMware Workstation 包括 3 个模块：VMM，VMX(Virtual Machine eXtension)驱动和 VMware 应用程序。为了更好地理解 VMware Workstation，这里先简要介绍一下 Intel X86 平台的工作原理。

在 X86 平台上，保护机制提供了 4 个优先级，从 ring0 到 ring3。操作系统和内核服务位于 ring0，ring1 和 ring2 主要用于设备驱动，应用程序运行于 ring3。只有运行在 ring0 的操作系统及内核服务能够运行特权指令，其他 ring 上的程序运行特权指令都会导致失败。

对于 VMware Workstation 的 3 个模块，VMM 和 VMX 驱动位于 ring0，VMX 驱动被安装在宿主操作系统中，以获得 VMM 所需的高特权级，VMApp 位于 ring3。执行时 VMApp 通过 VMX 驱动的帮助将 VMM 载入核心内存，并赋予它最高特权级 ring0。此时宿主操作系统仅能感知到 VMApp 和 VMX 驱动，而并不知道 VMM 的存在。现在机器中存在两个世界：Host 世界和 VMM 世界。VMM 世界可以直接与处理器硬件通信，或通过 VMX 驱动与 Host 世界通信。而每一次世界切换都需要保存和重建当前所有的硬件状态，这对性能影响很大。VMware Workstation 的架构如图 4－2 所示。

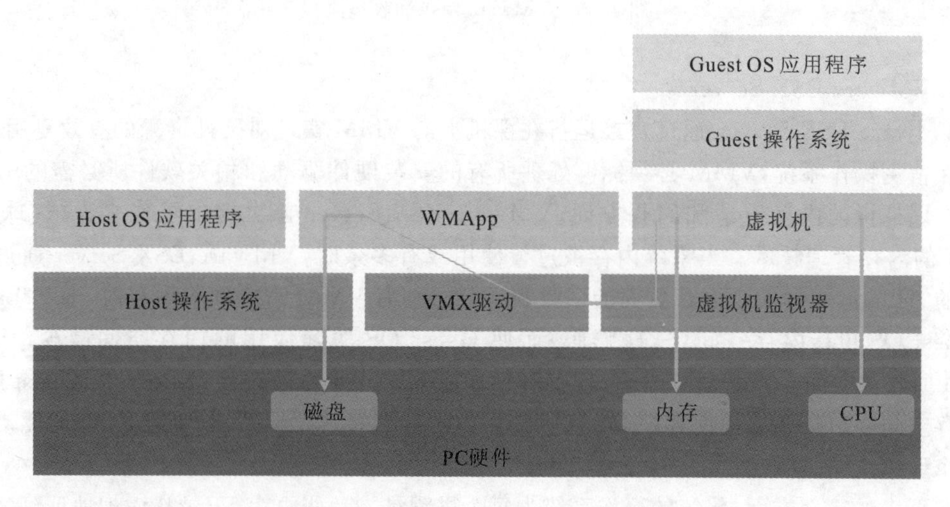

图 4－2　VMware Workstation 的架构

当 Guest OS 或其上的应用程序仅跑一些纯粹的计算程序时，它们就通过 VMM 直接在 CPU 上运行。当需要进行 I/O 操作时，这些 I/O 指令就会被 VMM 捕获并切换到 Host 世界中执行，这由 VMApp 来引发相关调用，最后将结果返回给 VMM 世界。由于世界切换的开销是非常大的，所以虚拟机中的 I/O 操作性能很低，图 4-3 是网络应用中发包和收包流程，可以看出，不管是发包还是收包，都比直接使用物理网卡要多做很多工作。

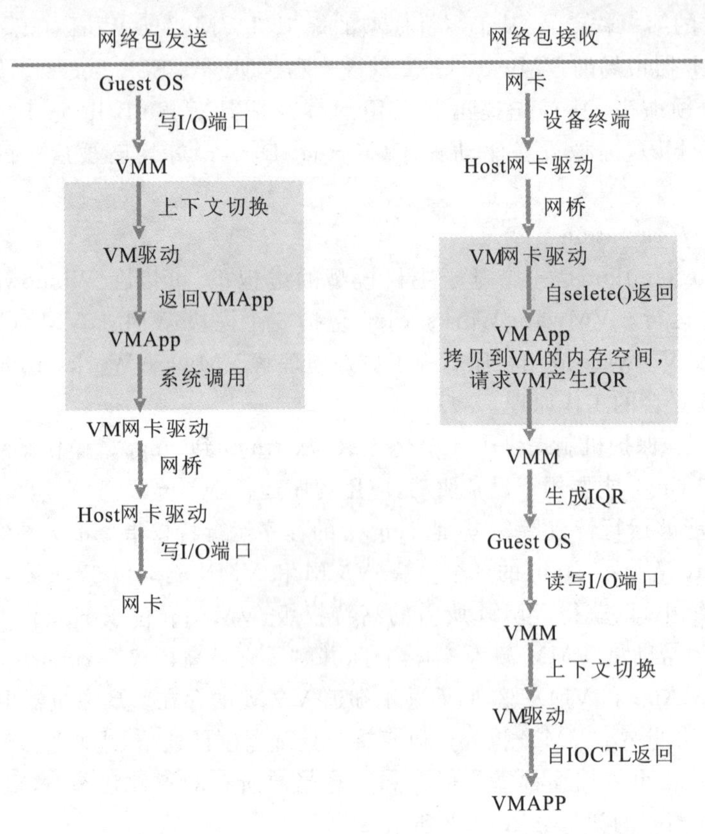

图 4-3 VMware 发包和收包流程

2. VMware ESX Server

VMware ESX Server 通过直接运行在裸机上的 VMM 实现对硬件资源的有效复用，由于不存在宿主操作系统，VMM 必须能够处理所有的安装硬件驱动和相关软件所必需的 I/O 指令。在虚拟机的内存申请和回收方面，VMware ESX Server 首次提出了称之为“气球(Balloon)”的内存管理技术。当系统内存被过量使用或有多余时，VMware ESX Server 通过客户机上的 Balloon 驱动实现内存页面的回收和再分配。当 VMM 需要回收内存时，通知 Balloon 向 Guest OS 申请内存空间(气球膨胀)而使 Guest OS 实际使用的内存空间减少，从而让 VMM 回收该空间。当 VMM 有多余空间时(如原 VM 中止)，通过让 Balloon 向 Guest OS 释放内存空间(气球缩小)而使客户 OS 实际使用的内存空间增大。图 4-4 是 Balloon 驱动程序的一个形象说明。

在页表的管理方面，传统的操作系统为每个进程维护一张页表，记录从虚拟地址到物理地址的映射。VMware ESX Server 中每个进程有两张页表，分别由 Guest OS 和 VMM 维护，

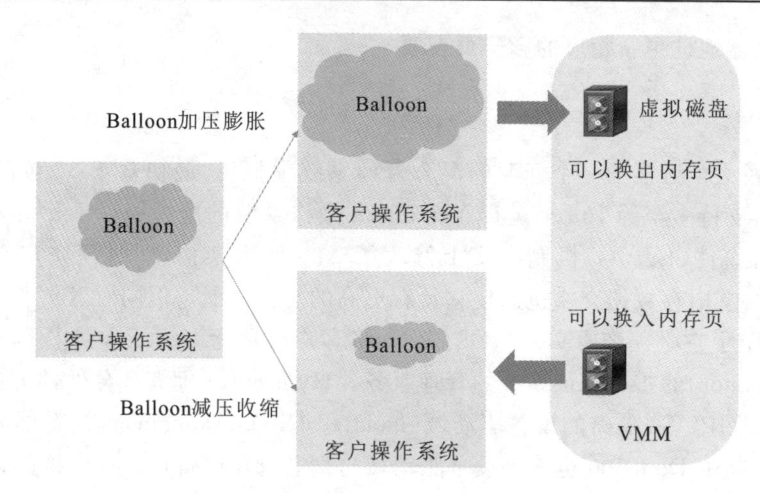

图 4-4　Balloon 驱动程序

Guest OS 维护的页表中存放的是虚拟地址到伪物理地址(Pseudo-Physical Address)的映射,之所以称之为伪物理地址是因为这个地址并不是真正的物理机器上的地址。VMM 维护的页表中存放的是伪物理地址到真正的物理地址(机器地址 Machine Address)的映射,这张页表称为影子页表,真实的 CR3 指向当前进程的影子页表,影子页表的模型如图 4-5 所示。

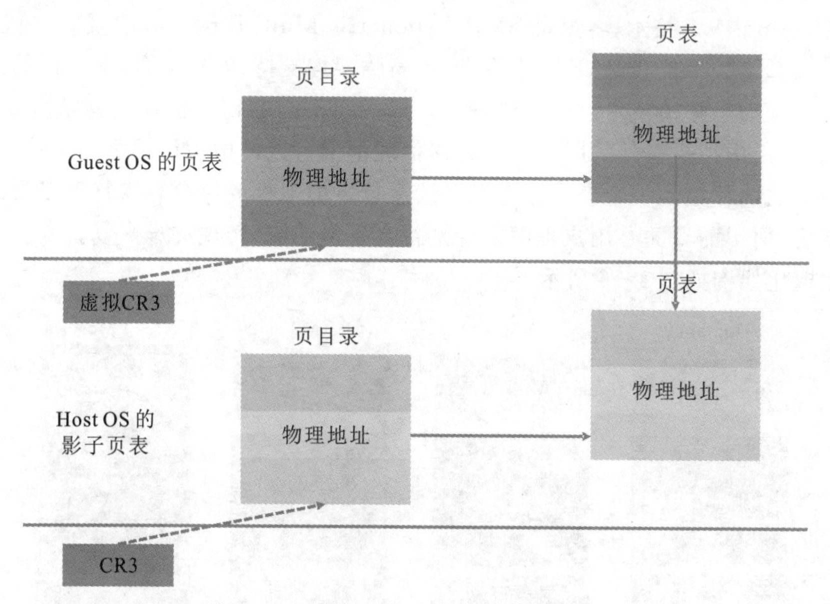

图 4-5　VMware EST Server 的影子页表

具体使用情况是这样的:虚拟页(Virtual Page)通过 Guest OS 的页表映射到伪物理页,然后由 VMM 将伪物理页转换成实际物理内存所对应的机器页面。这样在每次访问内存时都要比传统的操作系统多一级映射,性能上有所下降,但也有利于 VMM 更好地管理整个物理内存并提高系统的整体性能。VMM 使用映射技术来管理类似于页表的这些结构,并通过捕获企图更新这些结构的指令来保证页表和其影子页表之间的一致性。当发生缺页错误时,VMM 捕获这一事件,先让 Guest OS 更新其维护的页表,然后根据机器地址和伪物理地址的映射关系,用机器地址更新相应的影子页表项。

二、Xen

Xen 是剑桥大学开发的一个开源的混合模型系统虚拟机,最初基于 32 位的 X86 体系结构而设计开发,支持多至约 100 个运行 Xenolinux 操作系统的虚拟机。Xen 引入的管理接口(Hypercalls)和事件(Events)机制事实上修改了 X86 体系架构,同时预先定义的客户机和 VMM 之间的共享内存数据交换机制使它具有更高的总体性能。但同时 Xen 作为一个泛虚拟化实现也就注定了它必须修改 Guest OS。Xen 将客户机称为 Domain,其中 Domain0 作为监控程序(Hypervisor)的扩展提供系统的管理服务。Hypervisor 拥有部分硬件 I/O 资源如定时器处理期间中断 IPI 等,隔离的设备驱动域(Isolated Driver Domain)也拥有部分的 I/O 资源如硬盘网卡等(其中 Domain0 也称为设备驱动域),而普通 Domain 只有虚拟的设备而没有直接的硬件 I/O 资源。另外也将 Hypervisor 简称 Xen。Xen 本身主要基于开源的 Linux 核心代码移植而来,同时运行于其上的 XenLinux 也从 Linux 移植而来,意为支持 Xen 架构的 Linux。所有原来的 X86 应用程序均不需任何修改就可以在 Xen 上运行,即 Guest OS 的 ABI (Application Binary Interface)不变,从而保证了对应用程序的透明。

2005 年 12 月 5 日,XenSource 发布了 Xen3.0 版本,正式开始了对完全虚拟化技术的支持。Xen 支持的不需要修改 Guest OS 的虚拟机称为 HVM(Hardware Virtual Machine)。Xen 3.0 支持 Intel VT 技术、客户机 SMP(Symmetric Multi-Processing)及客户机 CPU 热插拔、动态移植、32 位/64 位和 PAE 客户机支持、安腾架构支持、安全平台、虚拟机的保存和恢复等全新的特性。动态移植技术可以使得一个虚拟机在不同的物理机器间移植,而不需要关闭机器,同时不中断虚拟机对外的服务。动态移植理论上可以使虚拟机的服务永不间断,在物理机器寿命到来之前移植到一个新机器上而继续运行。虚拟机的保存和恢复可以为用户提供机器级别的备份,而不需要关心用户程序本身是否有备份功能,实现灾难恢复。

Xen 虚拟化架构如图 4-6 所示。

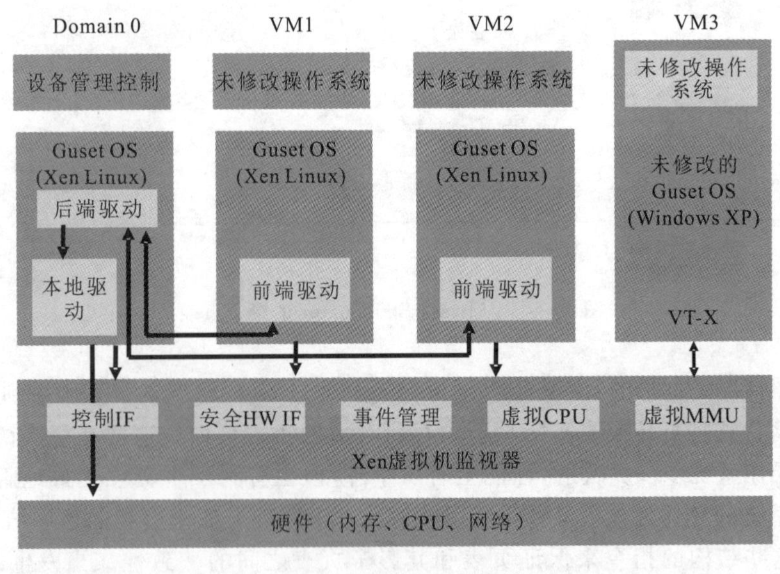

图 4-6 Xen 虚拟化架构

Xen 虚拟化架构由如下几个部分组成:虚拟机监视器 VMM :负责硬件的虚拟化,虚拟机的调度等; Domain 0:负责虚拟机的创建、管理,I/O 设备的模拟等;Guest VM :运行已修改过的 Linux 的虚拟;HVM Guest:运行未修改过操作系统的虚拟机;运行在 Guest VM 的操作系统通过调用 VMM 提供的 API 来完成重要的管理操作,如分配物理内存、修改进程页表等。在访问外设时,Guest OS 中的前端驱动(Front-End)将请求通过共享内存的方式传递给 Domain 0 中的后端驱动(Back-end),后端驱动再调用 Linux OS 中的设备驱动程序来完成操作。

三、KVM

从基于内核的虚拟机(KVM)诞生的那一刻起,话题就不断。作为一款免费的开源管理程序,KVM 有何魅力受到众多厂商青睐? KVM 的未来又在哪里?

一切得从一宗收购讲起,2008 年 9 月,红帽以 1.07 亿美元的价格收购 Qumranet,后者为解决虚拟化桌面 RDP 的缺点开发了基于内核的虚拟机(KVM),设计目的旨在简化虚拟化实例的管理,它也提供了一个强壮的框架,用于增强底层架构的功能。从此,KVM 频繁出现在大众视线中。

KVM 技术一出现,就受到厂商的大力推广。红帽一直将 KVM 作为虚拟化战略的一部分,2009 年年底发布了红帽企业版 Linux 5.4,继续大力推行这种转型,鼓励用户使用 KVM 为其首选的虚拟化平台。2011 年,随着新版操作系统 Red Hat Enterprise Linux 6 的发布,红帽完全放弃了以开源 Xen 为虚拟化平台的思路,开始支持 KVM 作为 hypervisor。

KVM 作为一个快速成长的 Linux 虚拟化技术,已经获得了许多厂商的支持,如 Canonical、Novell 等。Canonical 公司的 Ubuntu 服务器版操作系统是第一个提供全功能的 KVM 虚拟化栈的主要 Linux 发行版。

为什么那么多的大公司对 KVM 感兴趣? 其中最明显并且最重要的因素就是 KVM 是 Linux 内核的一部分。这个轻量级的虚拟化管理程序模块能直接与硬件交互,不需要修改虚拟化操作系统,因此性能更好,并且补丁包能够和 Linux 内核兼容,轻松控制虚拟化进程,同时减轻管理负担。

虽然只是新生技术,但是由于其性能和实施的简易性,加上 Linux 企业市场中份额最大的红帽不遗余力的推广开发,KVM 将会持续成长壮大。

而开放虚拟化联盟(OVA)也在为 KVM 护航,这个由 IBM、红帽、英特尔等重量级厂商组成的联盟才成立不过半年,成员就迅速达到 200 以上。该联盟的宗旨致力于促进基于内核的虚拟机(KVM)等开放虚拟化技术的应用,鼓励互操作性,为企业在虚拟化方面提供更多的选择、更高的性能和更具吸引力的价格。

KVM 是唯一一个进入 Linux 内核的虚拟化解决方案。

一般的 Linux 进程有两个执行模式:Kernel 模式和 User 模式。KVM 增加了第三种模式:Guest 模式。Guest 模式有自己的 Kernel 模式和 User 模式,但和系统管理程序无关。

KVM 虚拟机的基本工作原理是,用户模式的 QEMU 利用接口 libkvm 通过 ioctl 系统调用进入内核模式。KVM Driver 为虚拟机创建虚拟内存和虚拟 CPU 后执行 vmlaunch 指令进入客户模式,然后装载 Guest OS 执行。如果 Guest OS 发生外部中断或者影子页表缺页之类的事件,暂停 Guest OS 的执行,退出客户模式进行一些必要的处理。然后重新进入客户模式,执行客户代码。如果发生 I/O 事件或者信号队列中有信号到达,就会进入用户模式处理。

KVM 所使用的方法是通过简单地加载内核模块而将 Linux 内核转换为一个系统管理程序。这个内核模块导出了一个名为 /dev/kvm 的设备,它可以启用内核的客户模式(除了传统的内核模式和用户模式)。有了 /dev/kvm 设备,VM 使自己的地址空间独立于内核或运行着的任何其他 VM 的地址空间。设备树(/dev)中的设备对于所有用户空间进程来说都是通用的。但是每个打开/dev/kvm 的进程看到的是不同的映射,这就支持了 VM 间的隔离。KVM 然后会简单地将 Linux 内核转换成一个系统管理程序。

Guest,Kernel,User 三种模式的分工如下:Guest 模式执行非 I/O 的 Guest 代码;Kernel 模式转换到 Guest 模式,并处理那些由于 I/O 而从 Guest 模式退出的代码或特殊指令;User 模式为 Guest 执行 I/O 操作。

KVM 是 Linux 下 X86 硬件平台上的全功能虚拟化解决方案。KVM 基本结构由两部分组成。这两部分一个是 KVM Driver,它已经成为 Linux 内核的一个模块,负责虚拟机的创建,虚拟内存的分配,虚拟 CPU 寄存器的读写以及虚拟 CPU 的运行等。另外一个是修改过的 QEMU,用于模拟 PC 硬件的用户空间组件,提供 I/O 设备模型以及访问外设的途径。KVM 的基本结构如图 4-7 所示。

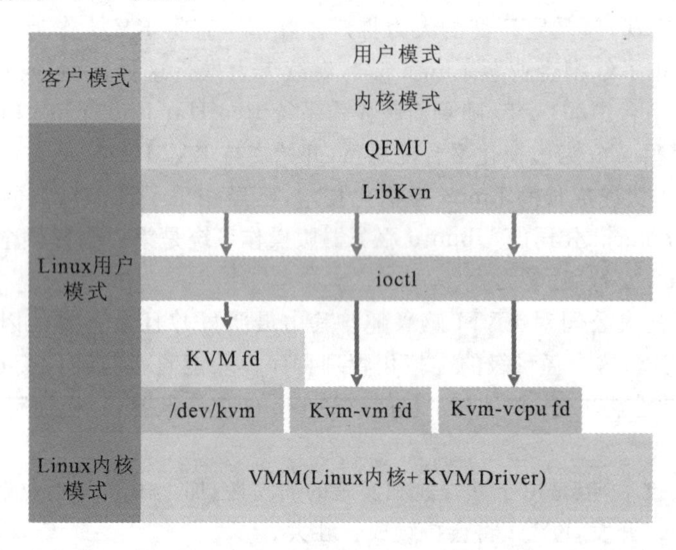

图 4-7 KVM 的基本结构

KVM 和 Xen 有很多不同之处。Xen 是外部系统管理程序,控制机器并分配资源给 Guest OS。而 KVM 被设计成 Linux 的一部分,使用 Linux 现存的调度算法和内存管理。这使 KVM 非常简洁而且易于使用。KVM 的最显著特点就是它可以运行在当前的 Linux 内核之上,无需反复提交补丁,编译内核,只需简单加载到运行的内核中。

四、QEMU

在开源软件世界里,有一个以速度著称的 X86 模拟器 QEMU。它有两种工作方式,运行模式和全系统模式。在运行模式下,QEMU 可以在一个 CPU 上启动为另一个 CPU 编译的 Linux 进程,或用来进行跨平台编译和调试。而全系统模式则模拟一套完整的系统,包括一个 CPU(可以是 X86,PowerPC,ARM,SPARC 等)和几个外设(NE2000 网卡,字符设备等多种外设)。QEMU 自带的 kQEMU 模块(在 Windows 上以 Driver 模式存在)能够大大加快全系统模式的模拟效果。

QEMU 采用动态翻译技术来产生本地代码以取得较为理想的运行速度,它的主要部分是一个快速的、可移植的指令翻译器,在运行时把加载进来的代码转换成主机上的指令集合,其基本思想是采用硬编码(Hard Coded)方式将每条指令转换成多条更简单的微操作(Micro Operation),微操作用 C 代码片段表示,然后通过相应的工具将目标文件传给动态代码生成器,由它来把这些简单指令串接起来完成一项功能。图 4-8 是 QEMU 二进制翻译的系统框架。

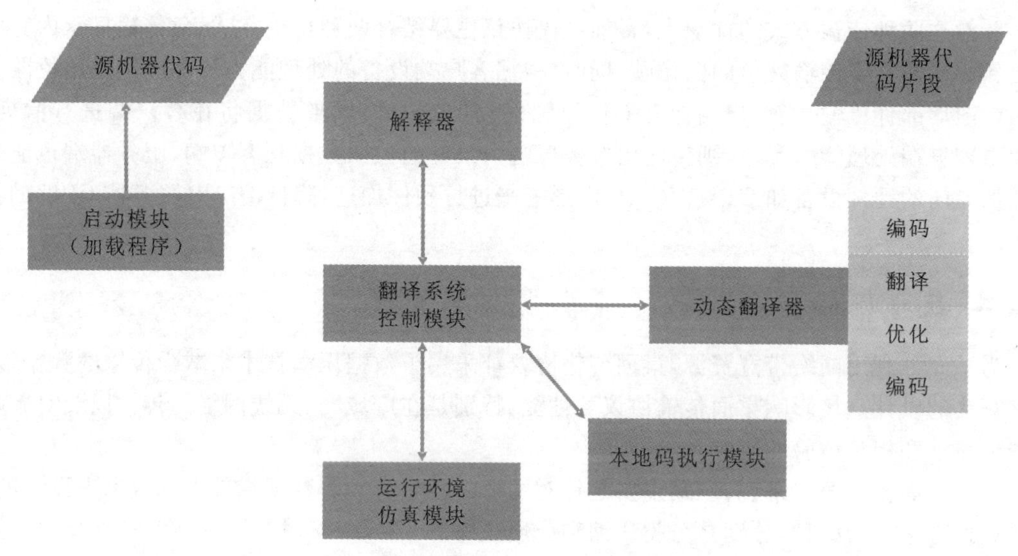

图 4-8 QEMU 二进制翻译系统框架

第三节 桌面和绘画管理层的功能和主要技术

桌面传输协议用于虚拟桌面服务器与远程客户端之间的通信,为远程用户交付虚拟桌面环境。协议主要将客户端用户操作和设备等输入以及服务器图像显示、声音和设备等输出,采用协议格式进行封装,将数据传输至服务器或客户端进行处理,协议还处理其他与虚拟桌面相关的功能,如实时迁移、剪贴板共享等。

一、图形数据传输

在桌面传输协议中,图形数据传输的处理对整个协议的性能有着重要影响,图形数据不仅是桌面传输协议传输的主要内容,需要占据较大的带宽资源,而且处理图形数据需要消耗大量的计算资源。因此,为获得良好的用户体验,不仅要求协议能在一定带宽资源下进行传输,还要能够流畅的显示,特别是在处理多媒体数据如播放高清视频时,对协议性能要求更为苛刻。图形数据的传输主要有两种方式,分别是位图流传输和图形部件传输。基于位图流传输的方式,图形数据在服务器端进行渲染,并将位图数据进行编码或压缩,再传输到客户端进行显示,由于客户端不需要进行图形数据的处理和渲染,因此这种方式对客户端的计算能力要求较低,但需要使用较高的带宽资源,同时会增加服务器端,特别是当其运行有多个虚拟桌面时的运行负担。

图形部件指像程序窗口、网页内容、文本、图像、视频、音频等构成显示内容的数据,基于图形部件的传输方式,服务器端将这些数据使用专门的图形命令发送至客户端,由客户端进行处理并渲染最终显示。这种方式传输的数据量较小,对带宽的要求较低,同时,服务器端在传输这些图形部件时,能够根据不同的部件类型使用不同的数据编码或压缩方式,有针对性地进一步降低传输数据量。对于使用该种方式传输图形数据的客户端特别是瘦客户端来说,要求其具有一定的计算能力来进行图像的渲染。

针对这两种传输方式的优缺点,目前主流协议主要结合两种传输方式,只传输显示内容中的更新区域而不是传输完整的图像帧,同时,根据客户端设备的处理能力智能决定采用位图流传输或图形部件传输:当客户端拥有 GPU 等图形加速硬件,图形数据将在客户端进行渲染;而如果客户端处理能力不足,则传输由服务器端渲染好的位图数据到客户端,服务器端也能通过添加专门的硬件设备如 GPU、PCoIP 图形卡来进行硬件加速,降低渲染对服务器 CPU 的占用率。

二、数据编码和压缩

为了充分利用网络带宽资源,桌面传输协议都采用了数据压缩技术来减少传输的数据量。压缩算法的设计直接影响桌面传输协议的性能,特别是在广域网、无线网络的传输以及对客户端图形显示和用户体验的影响。

对于桌面传输协议来说,压缩主要是针对图形、视频、音频等数据量较大的数据来设计的,主要处理方法分为两种,分别是分类压缩和分层压缩。

分类压缩算法,与图形部件传输数据方式相结合,根据不同的图形部件和不同的应用情景,选择专门为该数据设计的压缩算法,以达到最好的压缩效果。而分层方式则根据协议的设计,在每一个处理层次上进行压缩,如在数据层压缩,在协议层次上对数据包进行简化设计和压缩等,如 RDP 协议,采用快路径(Fast-Path)进行传输时,通过合并原来的数据包、重新整合数据内容来减少大小,从而减少对网络带宽资源的需求量。

三、缓存技术

缓存在计算机技术中应用非常广泛,在桌面传输协议中也有使用,依据局部性原理,将图形部件进行缓存,能够有效地减少客户端与服务器端之间传输的数据量。桌面传输协议在客户端和服务器端对缓存数据进行同步,保证两端缓存数据保持一致。图形缓存的内容包括图像数据以及用于渲染生成图像的数据。

当用户在虚拟桌面上使用浏览器浏览网页时,页面内容会被缓存,当用户进行滚动操作时,协议只需传输由于滚动而新出现的画面内容,即可在客户端生成滚动后的显示内容。对于生成图像的数据,协议一般会缓存如光标、调色板数据,在首次绘制光标后,光标被缓存起来,在接下来的数据传输中,只需要发送光标缓存标识即可从缓存中读取光标数据进行绘制。

四、虚拟多通道

虚拟多通道是一种数据的逻辑分离方法,桌面传输协议将不同类型的传输数据通过不同的虚拟通道传输。虚拟通道使得数据逻辑分离，有利于扩展和实现，在新增客户端或客户端新增设备时，只需要创建新的通道便可以进行数据的传输，而不与现有数据流发生冲突；同时，还可以根据网络情况的不同，调整虚拟通道的优先级，或者降低通道数据流量来保证更为重要、实时数据的传输。

五、设备重定向

桌面传输协议除了需要将服务器端的图像输出传输给客户端外，为了达到与使用传统桌面环境一样的用户体验，还需要支持设备的重定向，即连接在客户端的设备可以被运行在服务器端的虚拟机所使用，如USB设备，连接在客户端，用户可以在远程虚拟桌面中读取或写入；连接在客户端的打印机，用户可以将远程虚拟桌面中的文件打印出来。

一般来说，每个设备的重定向数据都在一个对应的专门的虚拟通道中传输。桌面传输协议需要截获远程虚拟桌面对设备的读写请求，将读请求转发至客户端，并将写请求及写入数据传输至客户端，由客户端对设备进行响应操作。客户端读取数据后通过协议传输至服务器端，将收到的写入数据写到设备中。

第四节　桌面传输协议简介及对比

桌面虚拟化系统的部署既要虚拟化平台是稳定可靠的，又要桌面传输协议是高效的，这样才能为用户提供高性能的虚拟桌面，更接近于传统的PC桌面。

在桌面虚拟化系统中，存放系统镜像的服务器放置在数据中心，在远端多媒体教室的用户采用瘦客户端或胖客户端来连接数据中心服务器时，需要借助桌面传输协议，这样才能通过局域网或广域网把所有虚拟机相关内容传输到客户端。局域网或广域网是客户端和服务器之间的唯一通道，所有用户的操作都是由这个通道来传递的，所以桌面传输协议的效率会极大影响用户的使用，但是校园网的带宽资源却受到现有条件的限制，因此带宽资源的有限性促使开发新的效率高的远程连接显示协议，用有限的带宽资源尽可能改善性能。

当前的桌面传输协议主要有：ICA(Intelligent Console Architecture)协议，RDP(Remote Desktop Protocol)传输协议，PCoIP(PCoverIP)传输协议，SPICE(Simple Protocol for Independent Computing Environments)传输协议等。除此之外，还有HDX，VNC，THINC，TFTP等协议。下面分别说明。

一、ICA/HDX

1. ICA(Intelligent Console Architecture)协议

Citrix XenDeskto ICA(Intelligent Console Architecture)协议是目前最成熟的桌面虚拟化产品，使用ICA协议作为传输协议。ICA协议被设计用来在低带宽连接中传输高性能的Windows图形显示，它可以运行在任何通用的传输网络中，而只需要很低的客户端资源。

ICA是一个灵活的、可扩展的协议。首先，这个协议被设计为可以支持不同层次的客户端。在握手建立连接时，客户端将提供有关显示方式、颜色深度、缓存大小等信息，服务端将根据这些信息对协议进行配置，从而使得ICA协议可以支持从单色终端到高分辨率终端广泛的客户端。其次，通过添加新的虚拟通道，ICA协议可以支持声音、视频、扫描仪等多种功能。最后，ICA 协议允许对驱动层协议进行扩展，如增加加密协议、添加对 ATM 传输协议的支持等。

ICA 协议从网络 OSI 模型来看都在网络层和传输层之上。ICA 协议适用于 IPX/SPX、NetBEUI 和 TCP/IP 等多种协议。其中，国内的很多用户采用 IPX/SPX 协议，在 Novell 网络上广泛应用。运行在平台上的客户端通过 ICA 协议与远端的外设连接，在中心服务器上的所有操作以数据的方式通过 ICA 的虚拟通道（例如鼠标、键盘、图像、声音、端口、打印等）重新定向到远端终端设备上，因此虽然软件是运行在服务器上，但是用户使用起来和在本地运行软件一样。Citrix ICA 协议采用了数据压缩、加密和连接优化等技术，是一种高效率的数据交换协议。每一个连接的用户只需要少量的网络带宽就可以使用运行在服务器上的软件。如果有大量的数据在客户端和服务器之间交互，有效地降低数据传输量可以使用 Citrix 集中模式，大大提高整体性能。还有 ICA 协议支持差别控制每个独立的虚拟通道，这样可以很细致地控制用户的访问，例如只需中断 ICA 连接中的打印机通道即可控制用户不能通过打印机打印。ICA 协议还能够支持音频、视频和多媒体带宽控制。

2. ICA 协议的扩展——HDX

为了适应不同的应用场景，为用户提供最佳的使用体验，Citrix 对 ICA 协议进行了扩展，推出了 HDX 技术，主要针对多媒体环境，为用户提供高清用户体验。HDX 技术主要包括以下 6 个类别。

（1）HDX MediaStream：通过分析图形数据侦测视频流，并将经过压缩的原生的流媒体数据发送至终端，利用终端设备的图形处理能力进行渲染，由此提升多媒体性能。

（2）HDX RealTime：采用先进的编码技术和流媒体技术，改善实时音频和视频通讯，以避免对终端用户体验造成不良影响。

（3）HDX RichGraphics：利用数据中心和设备上基于软件和硬件的处理能力，全面优化从 2D 图形密集型应用到 3D 地理空间应用的性能。

（4）HDX Plug-n-Play：实现虚拟环境下所有本地设备的简化连接，包括 USB、多显示器、打印机和用户自行安装的外设等。

（5）HDX Broadcast：通过包括高延时、低带宽环境在内的任何一种网络，提供可靠而高性能的虚拟桌面及应用加速。

（6）HDX WAN Optimization：为那些对带宽敏感的数据和图形提供缓存，采用各种压缩和优化技术，以此提供在复合用户环境下的性能和网络利用率。

为了使 6 种 HDX 技术能够协同工作，为用户提供最佳使用体验，HDX 框架提供了自适应协调能力，它能够感知数据中心、网络和设备的基础能力，动态地运用最佳的 Citrix HDX 技术组合，以确保在各种独特的用户情境下实现高清使用体验。

二、RDP/RemoteFX

1. RDP 协议

RDP（Remote Desktop Protocol）是由微软公司提供的远程桌面通讯协议，其最初版本是基于 Citrix 的 ICA 协议，主要用于实现 Windows 操作系统的多用户模式，用于远程访问运行在 Windows 终端服务器上的应用程序。RDP 协议是基于国际电信联盟制定的 T-120 家族协议标准的扩展协议。它是一个多通路通信协议，支持虚拟通道来连续传送客户端和服务端之间的数据交流。RDP 提供了一个能够扩展充实更多功能的基础，能够提供 64 000 个独立通道进行数据传送，这就可以实现多用户任务通信。RDP被开发成一种完全独立的协议，它有完全独立的协议栈。RDP协议在服务器端RDP使用了自己的显示驱动程序，客户端通过RDP协议可以接收从服务器端发送的图形信息，并将信息传递给GDIAPI显示，同时客户端将鼠标和键盘事件传递到服务器端，服务器端使用自己的驱动接收这些事件。

RDP协议是加密的，使用RSA安全标准中的RC4加密算法，这样传输的登录密码等就是安全的了。RDP协议还使用了多个机制来减少网络间的数据流量，它通过在客户端缓存中保留特定字体的位图，可以完整地重现特定字体的图形，这样就不会增加网络传输量。此外，RDP还使用了持久位图缓存，就是在内存外再分配磁盘用以保存内存中的位图，这样进一步减小了网络传输量。而且RDP协议还设计了会话多次共用的机制，即使中断，当用户再次连接时还可以连接到上次的会话。还有RDP协议使用了微软服务器的网络负载均衡功能，这样消除了单点失效。

RDP协议是由基于Windows NT 4.0的RDP 4.0进化而来，目前最新版本为RDP 7.0，已在Windows Server2008 R2和Windows 7上应用。RDP 7.0在原有协议的基础上增添了一些新功能：Windows Media Player重定、双向语音、多显示器支持、Aero Glass支持，同时增强了对位图的处理能力。

2. RDP增强技术——RemoteFX

RemoteFX又叫Calista，在2008年1月的时候，Microsoft收购了Calista Technologies Inc.并经过发展得到了这项技术。它是微软在Windows 7/2008 R2 SP1中增加的一项桌面虚拟化技术，使得用户在使用远程桌面或虚拟桌面进行游戏应用或者图形创作时，可以获得和本地桌面一致的效果。

RemoteFX技术的原型是允许远程用户获得GPU加速能力，以进行各种图形密集应用。经过微软发展后的技术可以将GPU虚拟化提供给每一个虚拟桌面，换句话说，每一个虚拟机都可以获得独立的虚拟GPU，从而可以获得各种各样的图形加速能力，以进行各种2D、3D图形图像以及富媒体处理。RemoteFX协议基于TCP协议，支持UDP协议，这样对于鼠标和键盘的点击输入，会采用TCP协议验证所有数据正确到达目的地，而对于传送大量数据包（例如播放电影）则采用UDP协议，这样不需要等待握手信号和确认，更加高效。

三、PCoIP

PCoIP (PCoverIP)是Teradici公司开发的一款桌面传输协议，VMware公司获得了该协议的使用权，主要用于其桌面虚拟化产品VMware View。Teradici从根本上采用了跟其他供应商完全不同的实现方式，它将独特的图形算法与高性能芯片处理技术相结合，把显示协议集成到Firmware固件，通过在数据中心添加一台PC设备，借助IP把这台PC的动作传递到前端的瘦客户机上，是一种硬件解决方案。

PCoIP协议不同于其他的协议（例如RDP或者ICA/HDX），它不是居于TCP而是基于UDP的底层传输，这样PCoIP协议可以最大程度地利用网络带宽，确保视频的流畅播放，正因为UDP协议简单、高效，一般常用于传输VOIP、视频等实时性要求较高的内容。还有PCoIP协议以图像的方式压缩传输用户的会话，这样只有用户操作变化的部分进行传输，所以在低带宽下也能保证高效地使用。

PC-over-IP技术的核心是TERA图像引擎，它采用像素级别的图形处理技术，使得图形处理独立于 CPU 和 GPU,不会限制桌面的性能。PC-over-IP 使用高效的、无延迟的图形压缩算法,支持所有种类的图形显示信息,从简单的文本邮件到 3D 图像和高清视频信息。它同时采用动态的图形压缩算法,以适应不同的网络资源。PC-over-IP 的图形处理不受 CPU 和 GPU 限制,且独立于操作系统和应用程序。PCoIP 的最大特点就是压缩显示器的输出,然后利用 IP 进行传送。压缩只是针对变化的部分,不变化的部分不传送。因此,即使主机方面重新生成 HD 仿真的话,如果有足够的网络带宽也是能够重新生成的。在低速线路下它可以很好地读取文字,集中转送文本部分的数据。图形部分是一个大体的图像。如果线路速度提高的话,它可以自动提高图形分辨率,可以显示高清图像。

在低速网络和远程桌面传输中,鼠标指针的表示可能与鼠标实际运动是不相符的。鼠标运动过快的话,鼠标指针表示就会跟不上,从而出现间断的情况。PCoIP 通过客户端采用透明图像表示鼠标指针的方法,只向主机发送鼠标的位置信息,鼠标在移动的时候,主机方面也不会发生图像重写。因此,在使用低速网络的时候也可以实现顺畅的鼠标控制。

四、SPICE

SPICE 协议是最新的基于 KVM 虚拟机的开源虚拟化桌面传输协议,主要应用于 RedHat 桌面虚拟化解决方案。SPICE 与传统的桌面传输协议最大的不同是,SPICE 直接与虚拟机服务器通信,而传统的传输协议则是与运行于虚拟机之上的 Guest 虚拟机进行通信。这一独特特性使得 SPICE 可以直接与运行于服务器上的任何虚拟机进行通信,同时可以使用服务器的硬件设备对数据进行处理。

SPICE 协议运行于虚拟机服务器之上,它通过虚拟设备接口 VDI(Virtual Device Interface)与各种虚拟设备进行交互。SPICE 框架在服务端提供了针对 SPICE 协议的 QXL 虚拟图形设备,它与标准的 VGA 设备兼容,同时提供针对 SPICE 协议的优化操作。SPICE 是一种自适应桌面传送协议,可在 LAN 或 WAN 环境下使用,它可以自动侦测客户端设备的计算能力:如果客户端具有足够的计算能力,则将图形命令发送到客户端,由客户端进行处理,从而减小服务端的运行负担;如果客户端不具备足够的处理能力,则将图形命令在服务端进行渲染处理,从而降低对终端设备的性能需求。

SPICE 框架在服务端建立有一个图形树,对图形设备的更新命名进行分析,它仅将最新的变化了的图形区域数据发送到客户端,而对于已经被覆盖掉了的无效的图形数据则进行丢弃处理。SPICE 协议提供多种数据压缩算法,对不同的数据进行自适应压缩处理,以减少传输的数据量。同时 SPICE 采用多种缓存策略,对图像、调色板等数据进行缓存,来降低带宽需求。

SPICE 提供服务端和客户端两种鼠标模式,针对不同的网络状况,采用不同的处理模式。SPICE 采用多虚拟通道技术,为不同的通道设定不同的优先级,在网络状况不佳的情况下,优先保证实时数据的传输。

五、其他协议

1. 虚拟网络计算协议 VNC(Virtual Network Computing)

VNC 是 AT&T 公司的远程管理软件,基本上是属于一种显示系统,也就是说它能将完整的窗口界面通过网络传输到另一台计算机的屏幕上。它和终端服务的不同之处在于终端服务连接成功后会开启一个新的会话,而 VNC 则是和当前正在登录的用户共用同一个会话,也就是远程 VNC 登录用户和当前正在使用的用户同时操作，双方一切操作都可以同时显示。VNC 是基于 RFB(Remote Frame Buffer)的公共网络协议来实现。VNC 还可供多种平台使用，例如 Windows，Linux，iOS 等。

2. THINC 协议

THINC 是一个可以用于局域网和广域网的高效率瘦客户端远程显示协议。这个协议是由哥伦比亚大学发明的，在 XFree86/Linux 环境下开放，在网络和视频应用中，THINC 相对其他协议，可以提供更高的性能，它是第一个能够以完整的帧率全屏显示视频的协议。在 THINC 系统中，应用层的指令被转化为 THINC 原语，然后从服务器端传送到客户端，在客户端直接合成被硬件调用，在屏幕上显示图像。在 Windows 系统中，高层的指令被服务器直接传送到客户端，然后在客户端进行具体的解析执行。

3. TFTP 协议

TFTP 协议全称为 Trivial File Transfer Protocol，是一个传输文件的简单协议，它基于 UDP 协议而实现，端口号为 69。它用来在客户机与服务器之间传输简单文件，提供简单、低开销的文件传输服务。TFTP 协议与 FTP 协议不同，因为 TFTP 协议不能列出目录和认证，只能从文件服务器上获得或者写入文件。它传输的是 8 位数据，传输模式有 3 种：一种是 Netascii，是 8 位的 ASCII 码形式，是文本模式；另一种是 Octet，是 8 位的源数据类型，是二进制模式；最后一种是 Mail，它将返回的数据不是保存为文件而是直接返回给用户，现在已经不再使用了。

第五节 主流显示协议的对比分析

目前 4 种主要的传输协议在基于 PC 终端的局域网环境中，已没有太大的差距，都能够满足包括多媒体应用的各种用户需求。但是在对于广域网以及专用图形应用(如 CAD)等的支持方面，还有一定差距，其中 RDP 协议是专门为局域网环境设计的，目前不提供对广域网的支持。ICA 协议是目前性能最好的协议，由于发展历史较长积累了很多经验，对桌面环境的各方面都提供完善的支持。PCoIP 协议源于一家专门做远程传输的公司，其借助于硬件设备的支持，已能够提供与 ICA 相媲美的桌面传输效果。SPICE 作为后起之秀发展迅速，各项功能都在逐步完善中，其独特的架构设计也为其传输性能提供了很好的支持。集中主流显示协议的对比分析如表 4-2 所示。

表 4-2 主流虚拟桌面显示协议对比

	PCoIP	RDP	SPICE	ICA
传输带宽要求	高	高	中	低
图像展示体验	高	低	中	中
双向视频支持	低	中	高	高
视频播放支持	低	中	高	中
用户外设支持	低	高	中	高
传输安全性	高	中	高	高
整体评价	★★	★★☆	★★★★☆	★★★★★
支持厂商	VMware	Microsoft	Red Hat	Citrix

第五章　校园信息化下的桌面虚拟化

校园信息化建设是近年来国内教学改革的重要动力，而虚拟化技术为这一改革提供了基础支持。无论是校级层面的教学管理，还是微观的课堂教学、实验教学改革，无不青睐虚拟化技术。在此热潮中，虚拟化技术在校园中迅速普及，并且取得了理想的效果。

第一节　在图书馆中的应用

一、图书馆 PC 机使用现状

一直以来，图书馆电脑应用环境普遍使用的是功能全面的台式电脑(简称 PC 机)。在一定程度上，此类 PC 机提供了性能与应用功能的最佳组合。如今随着高校图书馆的办公 PC 机数量激增，每一个办公环境要求的电脑系统环境都不一样，如公共检索终端 PC 机(又称 OPAC 检索机)、电子阅览室终端 PC 机、内部业务办公终端 PC 机等，图书馆的这些终端加起来有成百上千台，如何对这么多不同环境的 PC 机进行有效管理已经成为各高校图书馆面临的一个难题。

以电子阅览室终端 PC 机为例，通常在图书馆里，电子阅览室终端 PC 机的数量最大，所需的维护工作也最多。

通常电子阅览室终端 PC 机自带同传和硬盘保护两个功能。

虽然同传功能一定程度上提升了管理维护的效率，但是这种方式仍然有一定局限性，具体体现如下。

(1)同传功能在使用过程中必须到每一台计算机上进行人工操作(如开机按 F4 键进入同传程序，输入密码等)。

(2)网络因素影响较大，同传的速度依赖于网络环境，并且如果外网不加隔离，容易形成广播风暴；每次同传的有数量限制，并且当系统越来越大时，需要的同传时间也越来越长(原来 WinXP 系统同传需要 15～20 分钟，现在使用 Win7 系统后需要 2 小时左右)。

(3)同传功能性单一，没有断点续传功能，如果同传时有机器出现故障(如网络问题)，机器只能重新再进行同传操作。

(4)增量同传功能弱，如果对操作系统补丁的更新，《反病毒软件的更新升级》应用软件的升级，方法是升级好一台计算机后对全部计算机进行系统数据同传且都需要进行全盘同传。每次进行这些工作电子阅览室就不能对外开发，影响学生使用，增加了管理者的工作量。

采用硬盘保护方式后，不用担心学生由于误操作引发的系统崩溃系统、文件丢失等后果，数据盘可以开放使用，作为暂存。但是也存在一些问题：有的病毒可以穿透金盾的防护，导致机器崩溃；有的软件注册信息无法进行同传，就必须把保护打开，一台一台进行注册；而且没有相应的管理界面和软件，机器发生故障只能依靠人工来发现。

除此之外，电脑采购成本过高，人员的管理难度较大，办公效率较低，PC 机显然并不是最理想的方案。

二、图书馆桌面云用户需求

图书馆内，传统 PC 机的使用场景，主要包含 3 个方面，分别是：公共检索终端 PC 机（又称 OPAC 检索机），电子阅览室终端 PC 机，内部业务办公终端 PC 机。采用桌面云方案之后，可以替代上述 3 个场景下的 PC 机使用，但是不同场景下，对虚拟化的要求是不一样的，具体阐述如下。

1. OPAC 检索机

公共检索终端数量多且分散放置，终端使用对象多、使用频率高，要求设备稳定可靠、容易管理。部分传统模式图书馆可能采用 PC 机和触摸屏设备相结合的方式作为 OPAC 检索机。采用桌面云方式之后，需要考虑的问题如下：

（1）保障基本的查询检索功能，其余软件和功能尽量简化，提高查询检索效率。

（2）限制各种 USB 存储及外设的使用，保证检索机用于检索的目的，而不是其他用处。

（3）限制非授权用户对机器做任何配置更改。

2. 电子阅览室终端 PC 机

电子阅览室主要提供用户查阅及获取电子书籍、音视频资料等，使用传统的 PC 机提供，管理人员经常要应付用户针对特定音视频、电子书籍安装不同的应用程序。同时，大多数电子阅览室会安装诸如万象、博斯特之类的管理软件，对用户进行管理。此外，在高校图书馆中，电子阅览室通常与校园网一卡通绑定，通过一卡通对用户进行认证。针对以上情况，采用桌面云方式之后，需要考虑的问题如下：

（1）对高清视频的支持，尤其是网上 VOD 资源、720P 及 1080P 高清视频的播放。

（2）对部分管理软件的支持，如万象、博斯特软件。

（3）对外设的支持，如一卡通读卡器、加密狗等设备。

（4）对特定音视频、电子书籍的应用程序的支持，保障用户可以正常打开使用各种格式的视频文件和电子书籍。

3. 内部业务办公终端 PC 机

在图书馆的业务工作中，例如采访、编目、信息和流通，工作人员主要是运行图书集成管理系统，并进行一些系统上的操作，将相应数据输入输出中央数据库。同时，不同的工作人员办公，会有一些个人数据及个性软件的需要。在采用桌面云方式之后，需要考虑的问题如下：

（1）需要为每个办公人员分配相应的存储空间，保障个人数据的安全性。

（2）在面对一些应用与系统不兼容的情况下，可能需要为相同用户配置不同环境。

（3）需要对一些外设进行支持，如图书馆常见外设扫描腔等。

（4）对部分移动设备的支持，如手机、笔记本电脑、平板电脑等。

三、图书馆桌面云方案详细架构

采用桌面云虚拟化方案，可以满足图书馆上述不同场景的用户需求，同时，相比传统 PC 机方案，桌面云方案在降低管理人员维护量、提高办公效率、提高资源利用率方面有显著优势。一个典型桌面云方案的详细架构如图 5－1 所示。

桌面云系统详细部署如下。

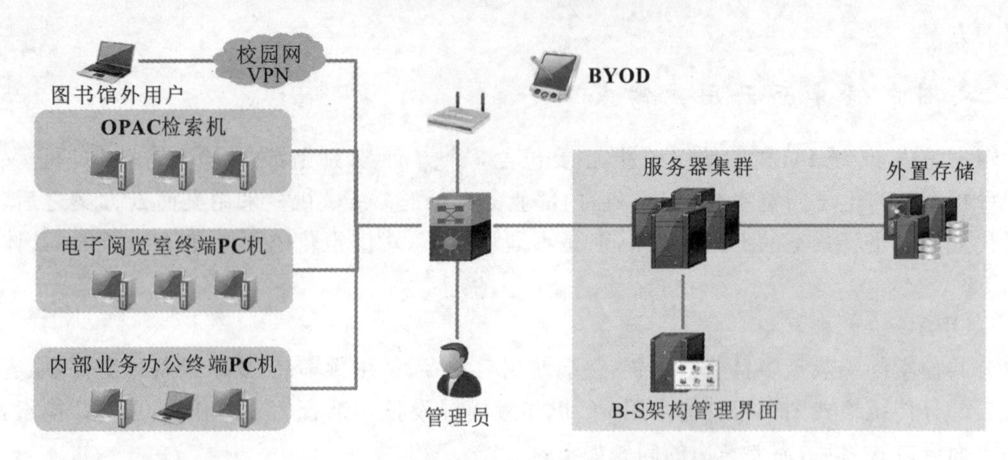

图 5-1 图书馆桌面云方案整体部署架构

在集群服务器上安装 Thinputer OVP 桌面虚拟化底层系统，该系统管理界面为 B-S 架构，管理员可以通过主流 B-S 浏览器登陆 Thinputer OVP 系统，对整个系统进行配置与管理。为 Thinputer OVP 系统配置外接存储，Thinputer OVP 支持所有主流的存储系统。

通过云终端替换 3 个场景下的 PC 机，采用云终端方式，直接登录虚拟化系统，为每个用户分配专属的虚拟机。

在 BYOD 设备上安装特定的客户端，通过客户端，使 BYOD 接入到虚拟化系统中，从而保障 BYOD 用户可以正常使用虚拟机。

非图书馆用户，可以在笔记本电脑上安装 Thinputer 客户端软件，通过校内网或者 VPN 连接到桌面云服务器上，使用虚拟机。

按照不同的场景，规划 3 组不同的用户，不同组用户的配置各不相同，从而保障不同场景下用户的使用需求。表 5-1 为不同用户组的配置策略。

表 5-1 3 种不同用户的配置策略

用户组	OPAC 检索组	电子阅览室组	内部业务办公组
是否还原	是	是	否
是否配置存储	否	否	是
杀毒软件	不需要	不需要	需要
USB 策略	禁用	允许	允许
模板主要软件	检索软件为主	音视频软件为主	办公软件为主

第二节 在实训/公共机房中的应用

一、实训/公共机房 PC 机使用现状

实验教学是高等教育的一个重要环节，是培养学生实践动手能力和创新能力的重要手段。对于计算机科学与信息科学等实践性很强的学科，使用教学的作用尤为突出。

随着课程改革、专业建设等方面的不断深入，越来越多的专业人才培养方案在课程设置方面的实践化程度不断增加，安排在公共机房的课程日益增多，不少课程都需要特定或专有的实验实训配置环境，但公共机房配置的公共性往往不能满足这些课程教学工作的需求，比较可行的途径是根据课程教学的特点设置个性化的教学环境。

但是，实训机房及公共机房的增加和普及，也给管理工作带来越来越多的困难和挑战。

1. 管理工作主要内容

日常的管理工作主要包括软件部署和更新、计算机安全防护、硬件更换和报修、网络管理和维护等4类。

(1)软件部署和更新。部署计算机操作系统和实验教学所需应用软件；备份操作系统和应用软件的硬盘镜像。

(2)计算机安全防护。安装杀毒软件；更新病毒库和木马库；修补系统漏洞。

(3)硬件更换和报修。对于计算机的普通硬件设备(如鼠标、键盘、VGA线等)故障，管理人员可直接更换；对于内部核心硬件故障，如内存条、显卡、硬盘等，通知计算机供应商进行维修或更换。

(4)网络管理和维护。上网用户账号管理；网络故障诊断和修复。

2. 管理工作的困难和挑战

计算机实验室管理工作存在不少困难和挑战，主要原因包括：

(1)计算机数量多，硬件种类多样化，给管理工作带来很多麻烦。

(2)实验教学所需的应用软件种类繁多，为满足教师教学和学生学习应用的差异化要求，导致计算机上安装的软件过多，启动速度太慢，而且容易引起应用冲突。

(3)为了在计算机出现软件故障后能快速恢复操作系统和应用程序，实验室的计算机一般安装有还原卡，这却导致计算机每作一次改动，如增加软件、卸载软件以及漏洞修复等，都需要把改动后的计算机作为“母机”同传给其他计算机，或者在每台计算机上逐一改动后再逐一手动保存，很费时、费力。

(4)学校配备的专业技术人员数量少，难以满足大规模运维服务的即时响应。

3. 计算机故障产生原因

为了保证实践教学的正常开展，必须保证实验室内计算机正常工作，及时解决计算机故障。调查表明，在一系列计算机故障中，软件故障发生的概率远高于硬件故障和网络故障。造成软件故障多发的原因复杂且难以避免，常见的原因主要有：

(1)网络访问或使用U盘不慎导致计算机感染木马等病毒。

(2)使用计算机的师生多，操作技能参差不齐，有些误操作会删除重要系统文件。

(3)设备驱动冲突，应用程序冲突。

(4)注册表错误，垃圾文件过多。

(5)操作系统漏洞，不完整的程序安装或卸载信息。

(6)不同软件之间，甚至不同版本的同款软件之间都可能因为运行环境、配置信息等相互冲突而导致无法正常运行。

虽然很多实训机房是使用硬件保护卡或者系统保护软件(比如冰点还原)对计算机进行管理，实现系统保护和机房半自动的维护，但还是存在不少问题。

另外由于公共机房服务对象主要是广大师生，计算机软件系统和硬件系统破坏的几率比较高，加之公共机房能耗高等一些现象，以上问题使得实训机房、公共机房的管理工作非常繁重，阻碍了高校、职业院校信息化发展。

面对这些问题，管理人员应思考如何运用新的技术来解决传统 PC 机面临的难题。

二、实训/公共机房桌面云用户需求

在通常的教学实验课程中，负责某门教学实验课程的教师需要根据课程的上课时间，首先去实验室管理处申请实验室，然后再将申请到的实验室地点通知给课程学生。课程学生需要在指定时间到达实验室进行实验操作。实验室所有机子由管理员预先安装好所需的实验软件。从这个过程中，可以将管理角色和使用角色抽取出来。

1. 管理角色（机房管理员）

管理调配所有实验室，包括硬件实验室和软件实验室，需要根据教师的申请安排、分配实验室使用时间；根据实验课程的教学要求，在所有实验室的机子上都安装相关的实验软件；在实验室机子出现问题时，需要负责相关维修工作，每阶段当低配置主机无法满足实验操作的要求时需要淘汰一批旧电脑，更换一批配置更高的电脑。

针对以上情况，采用桌面云方式之后，需要考虑的问题如下。

(1)云计算系统必须非常稳定，以保证教学过程中，不会出现桌面云系统不可用等情况，导致教学中断，出现教学事故。

(2)桌面云系统需要支持不同的教学环境，并且在不同的教学环境之间可以自由切换，而且效率要高。

(3)桌面云系统需要支持多种多样的系统，如 WinXP、Win7 32 位、Win7 64 位、Linux 系统等，保证满足不同课程的需要。

(4)需要支持一些机房管理软件和教学软件，以及与校园一卡通系统兼容。

2. 使用角色（教师与学生）

(1)云计算系统要接近传统 PC 电脑的使用体验，以免使用者需要过久的时间来适应新的系统，导致教学效率下降。

(2)需要支持一些常用的教学软件，如极域、远志、红蜘蛛等软件。

(3)需要支持一些外设，如加密狗等。

三、实训/公共机房桌面云方案详细架构

采用桌面云虚拟化方案，可以满足实训/公共机房不同用户的需求，同时，相比传统 PC 机方案，桌面云方案在降低管理人员维护量、提高办公效率、提高资源利用率方面有显著优势。桌面云方案的详细架构如图 5-2 所示。

桌面云系统详细部署如下。

(1)在集群服务器上安装 Thinputer OVP 桌面虚拟化底层系统，该系统管理界面为 B-S 架构，管理员可以通过主流 B-S 浏览器登陆 Thinputer OVP 系统，对整个系统进行配置与管理。

(2)通过云终端替换机房的 PC 机，或者采用利旧的方式，采用云终端方式或虚拟化客户端软件，直接登录虚拟化系统，为每个用户分配专属的虚拟机。

(3)按照不同的教学环境，规划不同的环境模板，在不同用户组使用机房的时候，采用不同

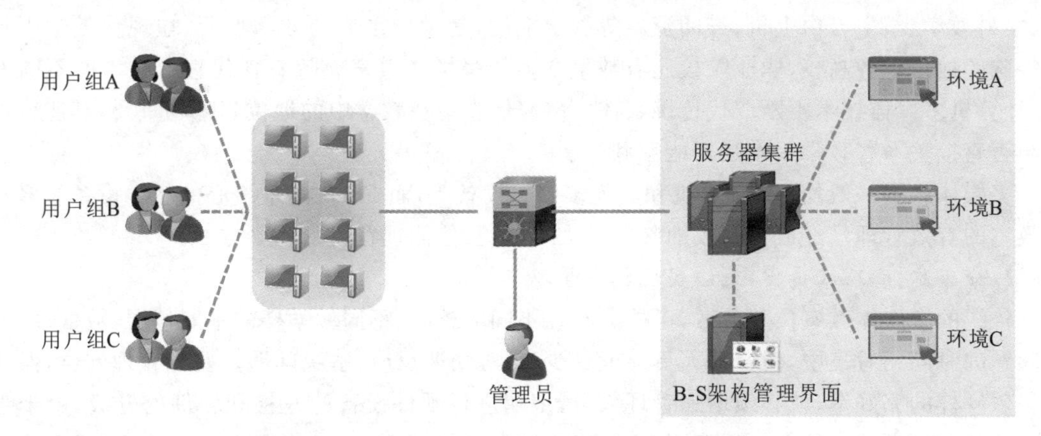

图 5-2 实训/公共机房桌面云方案整体部署架构

的环境模板生成整体机房环境,满足不同院系、不同课程的教学要求。

(4)在同一套环境里,生成教师和学生不同的实例,通常教师和学生使用的教学软件(如极域、远志、红蜘蛛)客户端会不一样。

在实训/公共机房的应用场景下,模板的规划和模板的使用,显得尤为重要,图 5-3 显示了不同环境、不同用户的模板逻辑关系。

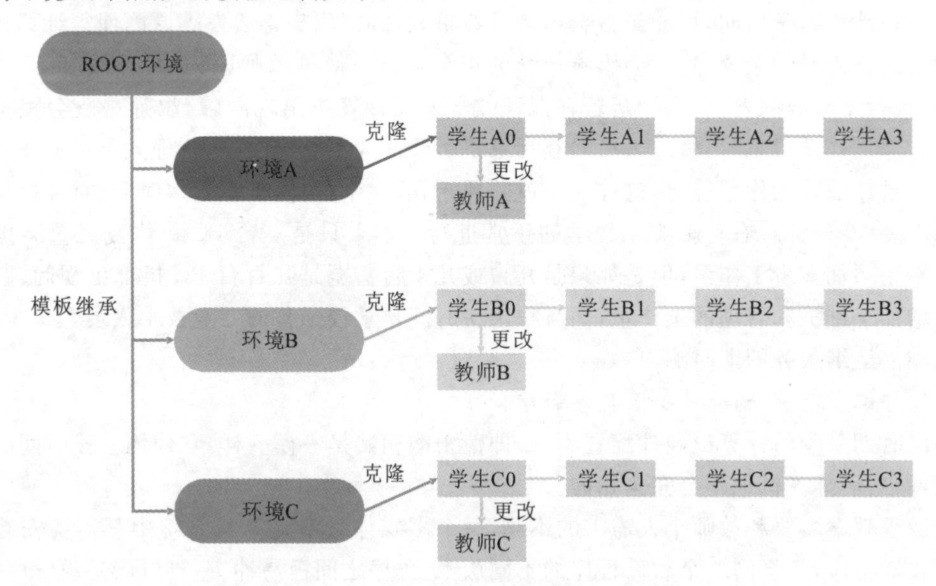

图 5-3 不同环境、不同用户的模板逻辑关系图

第三节 多媒体教室中的应用

一、多媒体教室 PC 机使用现状

现在大部分高校、职业院校都有数量较多的 PC 机房和电子阅览室,主要用于计算机教

学、学科教学、学生自由上机、查阅资料等教学活动，是学校重要的教学场所，在现代教学中具有特殊的地位。各高校、职业院校还有数量众多的多媒体教室。随着现代教育技术的不断发展，计算机多媒体技术不断取代传统媒体。多媒体教室在教学中的地位越来越重要，其运行正常与否直接关系着教学工作是否能顺利开展。

多媒体教室一般均部署 PC 机和其他多媒体设备等，而 PC 机是最核心的教学设备。多媒体教室的有效管理已经成为高校面临的一大难题，具体体现在以下几个方面。

1. 分布广，管理人员少，无法实现集中管理

传统的多媒体教室位置分散，可能分布在不同的校区、不同教学楼的不同楼层，数量多、出现问题的时间相对集中，但管理人员一般较少，很难快速反应、解决问题。要想管理到位，保证相关软硬件的完好率，就必须增加管理人员，定期进行硬件设备的巡检和软件的升级，由于管理人员的工作态度和技术能力不同，无法实现统一的管理标准，只能进行分散管理，管理效率低下。

2. 安全性防护能力差，故障恢复时间较长

多媒体教室属于公用教室，在接入校园网络的时候无法实现实名认证入网，存在网络安全隐患，同时不同的教员运用计算机系统，在授课时要随身携带 U 盘进行课件拷贝，这样很容易使计算机系统感染病毒，威胁计算机系统的安全，导致病毒的传播及相关授课文件的损坏。

教师上课时使用多媒体计算机播放课件、演示操作，学生实验时使用计算机练习所学的知识。但是在课程教学期间，可能经常会出现计算机软件故障、病毒爆发等原因使得计算机系统崩溃而无法进入操作系统，这就会影响教学的正常进行。使得教师原先的教学进度无法按时完成，导致教学事故的发生。通常，若在课程教学期间计算机出现故障，教师一般会跟本校的计算机管理员联系，然后由管理人员检查计算机故障。为了解决故障，管理人员可能需要更换计算机或重新安装操作系统等，这样一来就需要十几、二十分钟，甚至更多时间(重装操作系统一般都需要 40 分钟左右)，影响了教学的正常进行。如果只是一台 PC 机修复或重装操作系统可能不用增加多少工作量，但是如果是几台或几十台甚至是几百台 PC 机都出现问题，这不仅大大增加了维护和管理的工作量，而且很浪费时间。学校配备的专业技术人员数量少，难以满足大规模运维服务的即时响应。

3. 硬件配置不统一，软件安装与更新难

不同时期采购的计算机硬件配置不一，即使采购初始是一模一样，在使用一段时间后也会更换配件，最后计算机也不会完全相同。

因课程教学需要和教师个人需求的不同，每个多媒体教室计算机系统中都需要安装各式各样的软件程序，甚至同一个软件程序的不同版本、程序之间极易冲突，难以满足教学所需。

同时，部署和运维大规模的 PC 机也存在着大量的管理问题。教学应用软件种类繁多，为满足教师教学和学生学习应用的差异化要求，导致 PC 机上安装的软件过多，启动速度太慢，容易出现应用冲突；采用硬盘保护(还原)卡和网络同传等方法，虽可在出现软件故障时快速恢复预装的操作系统和应用程序，但安装和更新非常麻烦，耗时耗力，给教学应用带来诸多不便，甚至严重影响正常教学。

4. 病毒难以防护，维护越来越难，尤其是软硬件维护

随着 PC 数量的不断增多，各种 PC 故障导致教学事故频发。而这其中软件故障的概率大大高于硬件故障和网络故障。如果故障不能得到及时处理，将会严重影响教学管理秩序和教

学质量。软件故障成因复杂,往往难以避免。比如网络与移动存储设备的广泛使用,造成病毒的迅速传播,防不胜防。尽管有各种杀毒软件,但其更新通常滞后于病毒,难以保障系统安全。网络访问或使用U盘不慎导致感染病毒和木马;使用的教师众多,操作技能参差不齐,容易误操作,误删重要系统文件;设备驱动冲突,应用程序冲突,注册表错误,垃圾文件过多;操作系统存在安全漏洞以及不完整的程序安装或卸载信息等。

5.满足不了教师的个性需求

在日常多媒体教学中不同老师,需要不同的系统与软件环境,但为了保证所有教师的使用要求,管理人员基本上把所有授课教师需要的软件都进了安装,导致系统运行缓慢,软件冲突现象也时有发生,教师授课体验较差。

二、多媒体教室桌面云用户需求

多媒体教室桌面云方案,相对而言,是一个环境比较复杂的方案。多媒体教室是共享公用的环境,当我们利用桌面虚拟化的时候,其实是为每位教师在远端的服务器上开设一个账户,部署一个虚拟的操作系统环境,所有应用都是在远程的物理服务器上进行处理,云终端通过网络以快照的方式读取服务器的处理结果,多媒体教室桌面云方案的网络拓扑如图5-4所示。

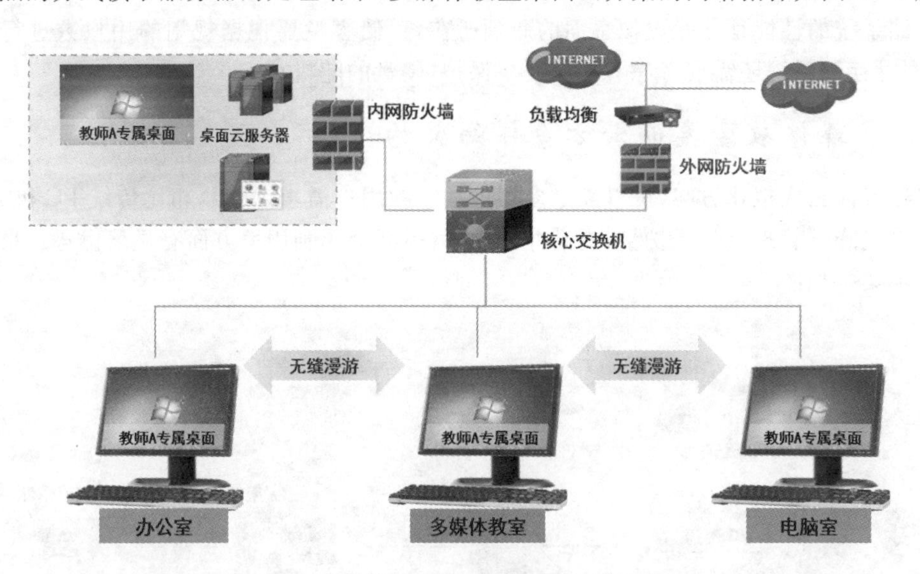

图5-4　多媒体教室桌面云方案的网络拓扑图

多媒体教室桌面云方案,可以在服务器上为教师A部署一个专属的桌面环境,同时,通过一系列先进的技术,可以实现教师A的专属桌面在不同办公场地,如:办公司、多媒体教室及电脑室之间,无缝漫游。这样做优势显著。

(1)传统PC方案,教师需要准备一些U盘或者其他移动存储设备,方便课件在教室、办公室中的拷贝,采用桌面云方案之后,“桌面随身走”,不再需要这些移动存储设备。

(2)保障教师办公的连续性,由于采用桌面云方案之后,虚拟机在服务器上通常是常开的,对于教师而言,无论是办公室,还是多媒体教室,所有虚拟机上的任务和工作,都可以不中断继续进行,保证业务连续,提高办公效率。

在规划和部署多媒体教室桌面云方案的时候,还需要考虑网络、外设兼容性、存储、管理等因素。

1. 网络环境

桌面虚拟化是基于网络进行数据的传输，安全稳定快速的网络是云终端进行数据交互的有力保证，在规划的时候要充分考虑网络架构、交换设备的选择、楼宇链路的传输能力，最好能实现楼宇间一个千兆以上的上联能力，接入交换机的接入端口为千兆。

2. 外设兼容性

多媒体教室中的多媒体设备通常是使用桌面云的一个必须考虑的环节，尤其是现代教育，多媒体教室中的多媒体设备愈来愈多，如：投影仪、音响、电子白板、电子教鞭、高拍仪等。采用桌面云方案替换传统 PC 机方案之后，需要重点考虑对各种外设的支持，从而保障多媒体教学可以按照计划进行。

3. 硬件服务器的配置

为了保证高效率运行的前提下，部署尽可能多的虚拟桌面，桌面虚拟化的服务器就需要配置高处理能力的多核 CPU、快速大容量的内存、高 I/O 的固态硬盘，同时为了保证服务器的实时在线，建议采用多台服务器，实现服务器集群与 HA 高可用集群。

4. 存储系统的选择

存储系统的性能往往是虚拟桌面的瓶颈所在，存储容量要根据规划的用户数进行合理的配置，同时存储系统还需要考虑 RAID 冗余保护，硬盘的随机写入 I/O 等。

三、多媒体教室桌面云方案详细架构

采用桌面云虚拟化方案，可以满足多媒体教室的用户需求，同时，相比传统 PC 机方案，桌面云方案在降低管理人员维护量、提高办公效率、提高资源利用率方面有显著优势。桌面云方案的详细架构如图 5-5 所示。

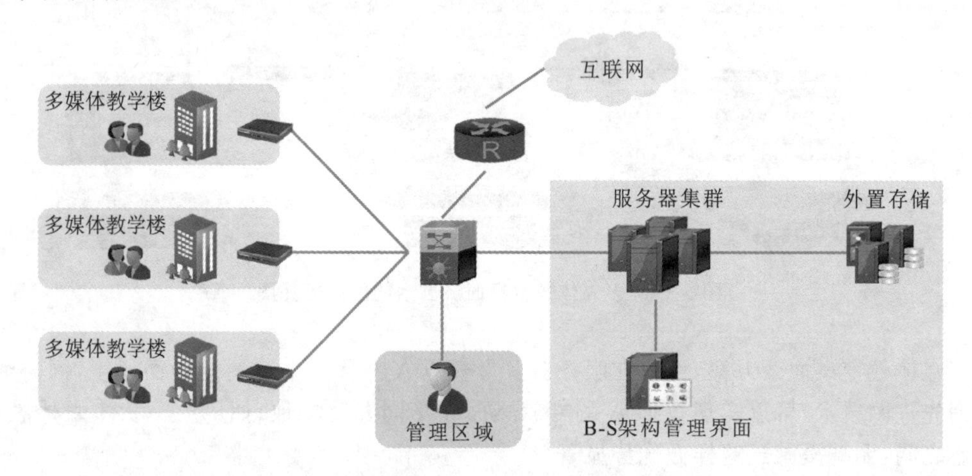

图 5-5　多媒体教室桌面云方案整体部署架构

桌面云系统详细部署如下。

(1)在集群服务器上安装 Thinputer OVP 桌面虚拟化底层系统，该系统管理界面为 B-S 架构，管理员可以通过主流 B-S 浏览器登陆 Thinputer OVP 系统，对整个系统进行配置与管理。

(2)为 Thinputer OVP 系统配置外接存储，Thinputer OVP 支持所有主流的存储系统。并在外置存储上为每位教师分配相应的存储空间。

(3)通过云终端替换多媒体教室中的 PC 机，或者采用利旧的方式，采用云终端方式或虚拟化客户端软件，直接登录虚拟化系统，为每个教师分配专属的虚拟机。

在多媒体教室的应用场景下，桌面云方案与传统 PC 机的使用体验基本可以达到一致，更值得一提的是，桌面云可以为每个教师分配一台虚拟机，每台虚拟机均是相互独立的，相互之间没有影响，满足每个教师个性化的需求。在多媒体教室中部署桌面云方案，实现的效果如图 5－6 所示。

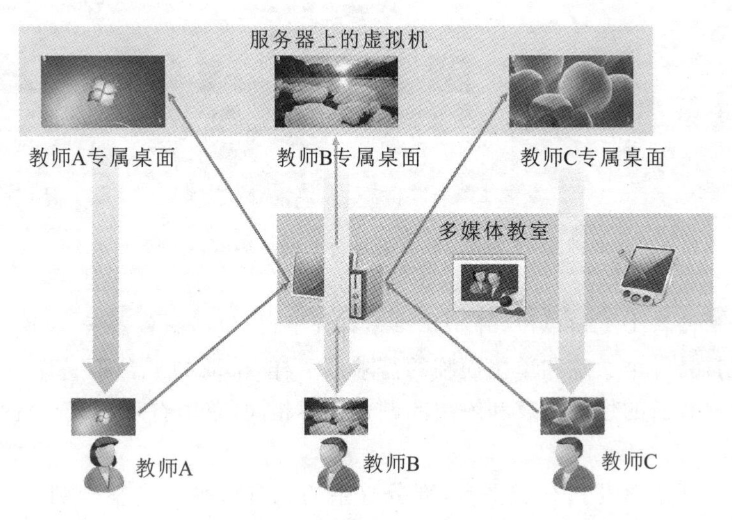

图 5－6　桌面云方案下的多媒体效果

第四节　在校园私有云平台中的应用

一、私有云与公有云的概念

1. 私有云(Private Cloud)

私有云是指为企业或组织所专有的云计算环境。在私有云中，用户是这个企业或组织的内部成员，这些成员共享着该云计算环境所提供的所有资源，公司或组织以外的用户无法访问这个云计算环境提供的服务。

2. 公有云(Public Cloud)

公有云是由若干企业和用户共享使用的云环境。在公有云中，用户所需的服务由一个独立的、第三方云提供商提供。公有云提供商也同时为其他用户服务，这些用户共享这个云提供商所拥有的环境。

二、校园私有云平台发展趋势

校园私有云平台的建设和发展，已经是一个不可逆转的趋势，不管是在国际上，还是在国内，已经有很多高校单位开始了校园私有云平台的建设，笔者认为：校园私有云平台的发展，大体可以归纳为以下3个阶段。

(1)学校各个子单位开始建设私有云平台,如图5-7所示。

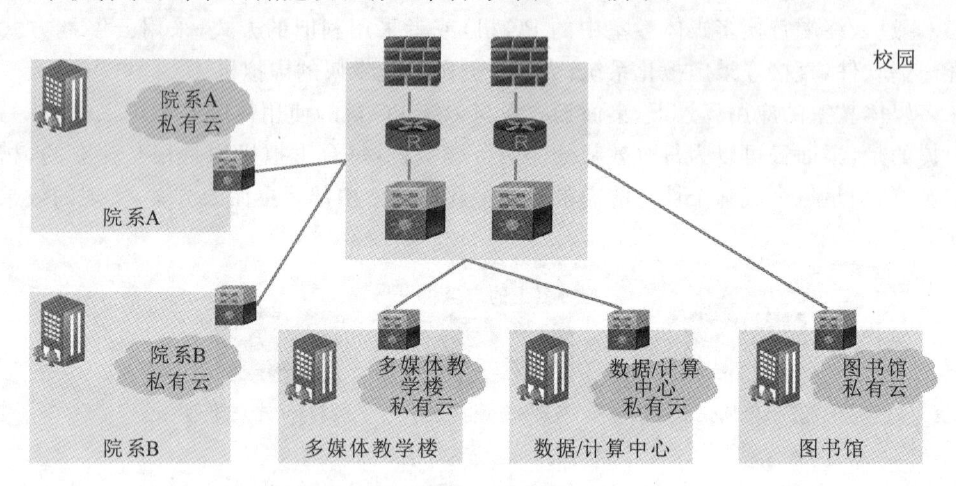

图5-7 校园私有云平台发展趋势第一阶段

在该阶段,学校各个下辖单位,开始建设私有云平台,包括服务器云、桌面云等。但是由于是私有云建设初期,各个学院和单位面临的需求不一样,采取的平台不一样,私有云之间通常相互独立,并且私有云的建设初衷和解决问题也各不相同,总体看来,处于一种零散、无统一规划的建设状态。

(2)学校整体开始建设私有云平台,部分院系的私有云平台会整合到学校级私有云平台中,如图5-8所示。

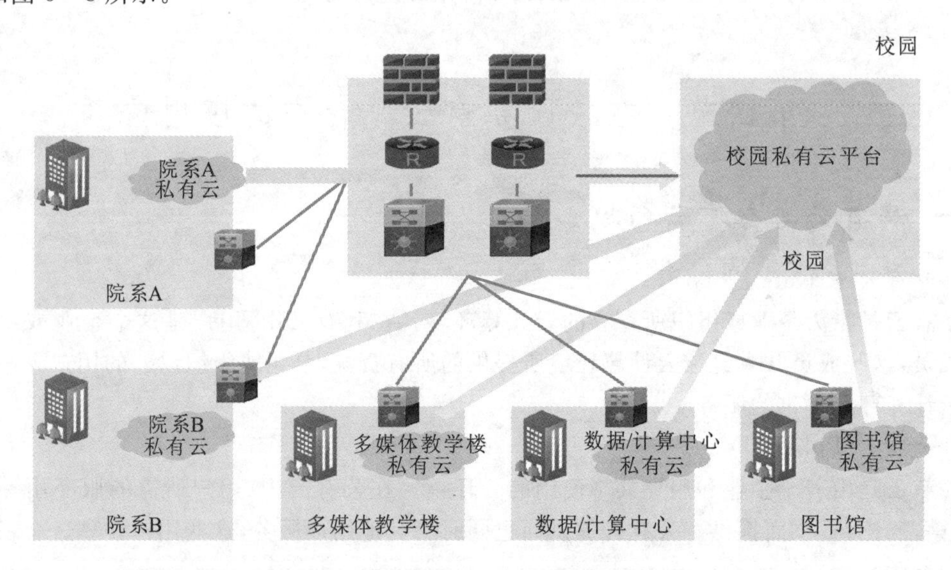

图5-8 校园私有云平台发展趋势第二阶段

在该阶段,学校以整体为单位,开始规划校园私有云平台,通常校园私有云平台,可能会选择由校网络中心,或图书馆,或计算中心承建。通过学校级的统一规划,统一部署,校园私有云平台会建设得更科学、更高效。并且部分原有的下辖单位的私有云平台依然会存在,并且会部分或者全部,逐步过渡到学校私有云平台上。

(3)部分校级私有云平台会被公有云平台取代,私有云与公有云平台将会长期共存,如图5-9所示。

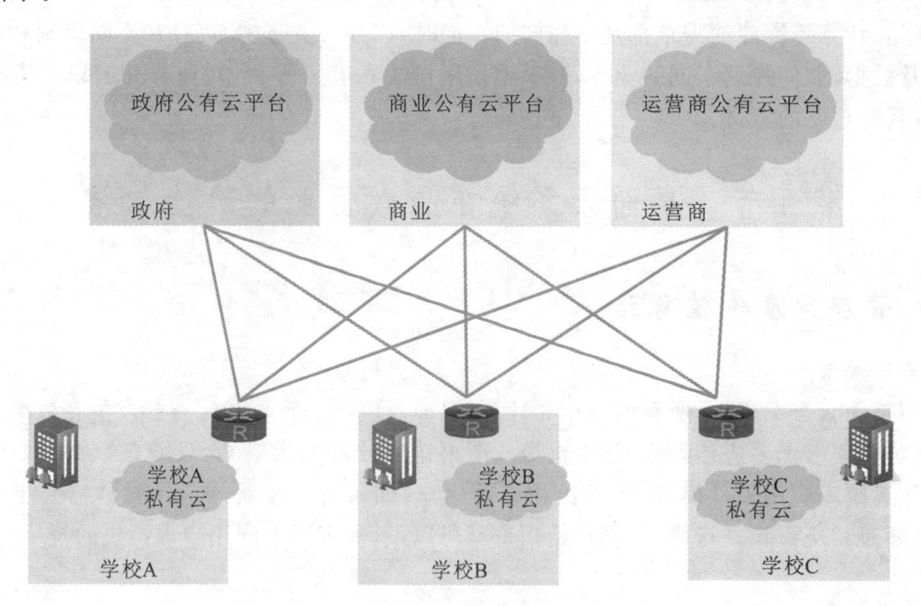

图5-9　校园私有云平台发展趋势第三阶段

在该阶段,校园私有云平台已经成熟,同时,政府、运营商、商业公司的公有云平台发展也日臻成熟。公有云会在一定程度上取代私有云的功能。而对于学校来说,需要规划公有云与私有云的业务,即享受公有云的便利,同时,通过私有云保障一些私密数据。私有云和公有云会长期共存,并服务于学校信息化建设和教学的发展。

三、校园私有云平台建设考虑因素

1. 校园私有云中心平台的建设

当校园私有云中心平台,承担越来越多的业务的时候,校园私有云平台承担的责任也相应增加。如何保证云中心平台稳定、健康的运行,对校园私有云来说,是至关重要的。在建设校园私有云平台的过程中,需要考虑网络安全、容灾备份、服务器优化、存储优化等内容,从而为学校整体业务运营提供强劲的技术保障。

2. 网络环境的规划

校园桌面云系统,与校园网络息息相关,网络环境的规划主要包含两个方面:第一,IP地址的规划,规划好IP地址,对于校园网的维护有至关重要的意义;第二,校园网容量的升级,目前校园网很多网络容量还是百兆容量,在桌面云系统部署的时候,对网络提出更高的要求,很多桌面云系统都需要千兆网络,甚至是万兆网络。

3. 管理模式的改变

传统PC机模式下,每个单位的电脑都有相应的管理员来维护,校园私有云平台建设之后,桌面云系统的计算、存储等资源都由以前的分布式变成了集中式。模式的改变,对管理员提出了更高的要求,同时也改变了原有PC机的管理模式,桌面云系统,需要考虑建立与桌面云系统配套的管理与维护模式。

4. 不同业务的规划

校园的业务比较多，比如办公业务、图书馆阅览室、学生机房、多媒体教室等。不同的业务，对存储、计算等资源的需求都是不一样的。同时，在办公业务中，也存在不同级别和优先级的应用及数据，如何规划不同的业务，合理地使用校园私有云平台，对业务开展以及资源的合理利用，具有重要的意义。

第五节　桌面云系统在高教行业的价值总结

一、管理角度价值总结

1. 集中管理

采用桌面云方案之后，所有的数据和计算、桌面及应用的管理和配置都发生在数据存储中心，管理员不用考虑多媒体教室、学生机房或图书馆中分散的云终端，只需在数据中心制作相关的操作系统和应用软件模板，下发给相应的用户，如果日后系统和应用软件需要更改和升级，只需要对相应模板进行修改，同步给用户就可以了，实现对不同用户虚拟机的统一配置、集中化管理。

同时，虚拟桌面架构环境组成了桌面资源池，其中一个虚拟桌面出现故障，将快速为故障终端分配新的虚拟桌面，不会对用户的访问造成大的影响，确保教学与办公的继续进行。

管理员不需要在对多台分散的 PC 机进行维护，只需要对集中化服务器进行管理和监控。除非是云终端本身的硬件出现问题需要对云终端进行维护，一般情况下，管理员无需对云终端进行维护；同时管理员只要对服务器上的用户和镜像进行管理，定期对服务器上的镜像文件、用户信息、系统配置等进行备份，以防止服务器出现问题。

2. 管理的简化

采用桌面云虚拟化方案之后，系统模板与镜像，成为整个系统的核心管理与维护内容。

统一的镜像/模板管理，给每个用户提供规范的桌面环境和统一的设置，有效保护系统的安全性；病毒感染、应用程序和系统运行异常等问题，在重启或关闭服务器时可自动解决：所有桌面系统和应用程序的配置和管理（系统升级、应用安装等）都由管理员在后台数据存储中心进行，避免了用户分散造成的管理维护困难。

桌面虚拟化集中的应用部署、升级补丁、统一病毒防控策略将己方计算机的管理和安全保护范围集中缩小，大大减少了对单台计算机的维护，提高了工作效率。只要开机就会自动执行，增量功能强大，使管理员告别了同传软件的只要系统有了修改需要整盘同传拷贝的痛苦。

管理人员通过桌面虚拟化系统提供的系统部署、远程还原、系统快照、用户漫游、远程开关机、软件授权管理、一键模板更换等功能，大大提高了管理人员的工作效率，降低了工作强度。

3. 数据安全性

数据存放在服务器数据中心，安全可靠，而且用户端访问虚拟桌面时在网络上传输的都是图片信息，不易被人通过网络窃取信息，数据安全性得到保障。

在数据中心的服务器端，磁盘可以采用 RAID 机制进行备份，更好地保护用户数据。同时由于所有数据集中化，所以更方便建设高校的灾备容灾中心，对于一些重要的数据，可以通过多种安全手段，确保数据的安全。

二、使用角度价值总结

1. 使用更安全简便

传统机房的维护，多是采用在每台 PC 机上安装系统保护卡和屏蔽 I/O 硬件的方式来保证其数据安全性，防止学生随意下载拷贝资源，安装软件，从而破坏由原有管理人员部署的教学环境。这种方式一方面保证了机房教学环境的整洁度，另一方面限制了教师、学生的课件作业的拷入和拷出。尤其是当实验项目需要通过多次上机来完成时，现有的机房环境给学生作业的留存造成了很大的困难，也就是说无法很好地保证上机教学的连续性。采用桌面虚拟化技术，每个同学可以在机房拥有一个和学号绑定的专属桌面。这个专属桌面由服务器生成和保存。无论任何时间、任何机位，只要输入账号和密码，就可以登入自己的专属桌面，进行个性化的操作。而机房管理人员也可以很方便地对这些桌面进行管理维护。所以说桌面虚拟化可以很好的平衡、统一机房管理员和机房使用者的需求矛盾。

此外，桌面云方案虽然采用了云终端替换传统的 PC 机，但是新的云终端的使用体验与传统 PC 机的使用体验基本没有区别。所以，终端用户不需要改变使用习惯，即可享受先进的云计算技术带给用户的便利。

2. 业务不中断

采用桌面云方案之后，可以让终端用户不限时间、不限设备、不限地点快速接入到桌面云服务器平台，访问到自己的虚拟机。通过局域网和广域网(VPN)，为终端用户提供各种不同设备访问虚拟主机的能力，这些设备包括从 Windows 和 Linux 台式机到 Mac、IPad、iPhone、Android 手机等。用户还可以播放丰富的媒体内容，并无缝地访问本地连接的打印机和大容量储存设备等外设。

通过桌面云方案，可以实现用户桌面随身带的效果，不管用户是在办公室，还是在图书馆或者公共机房，只要网络可达，即可通过管理员分配的账号和密码登录虚拟化平台，访问自己的虚拟机，保证个人业务不会中断。

3. 个性环境及多环境切换

(1)在公共机房中，可以在桌面云平台上配置不同的环境模板，如：WinXP 环境、Win7 环境和 Linux 环境。并且在不同模板上，可以部署不同的用户软件，满足不同用户的教学需求。在教学过程中，可以同时给用户分配不同的环境，或者在不同的环境之间进行切换，方便教学。

(2)在日常的办公中，诸如一些 OA 系统、办公系统等软件，可能会存在冲突和不兼容的现象。在办公过程中，可以制作不同的环境模板，兼容不同的软件系统，从而方便办公，提高工作效率。

三、成本角度价值总结

机房的建设成本主要由设备购置成本、能源消耗成本及管理成本组成。从设备购置的角度分析，由于计算机设备更新换代的速度不断加快，操作系统及应用软件对硬件的要求不断升高，所有新建的机房往往经过 4～5 年就面临着设备淘汰及更新。这种反复采购、淘汰、再采购再淘汰的方式从长远来看会造成极大的资源浪费。而采用桌面虚拟化技术后，由于计算和存储主要集中在服务器端，原先的学生机成为瘦终端。所以只需要对服务器的软硬件进行升级即可。这种升级产生的费用远远低于更换所有PC机产生的费用，因而降低了设备的投入成本。从能源消耗的角度分析，瘦客户端的功耗一般为传统PC机的十分之一，虽然服务器的耗电会随着计算压力的提高有所增高，但是与大量的普通PC机耗电量相比，可以忽略。因而可以极大地降低能耗，符合低碳时代的要求。从管理成本来说，采用桌面虚拟化架构，可以极大地减少机房管理人员的工作量，从而减少机房管理人员的人数，降低管理成本。

1.采购成本

(1)以云终端为例，一个云终端的采购成本为2000元左右，而PC机目前价格在4000元左右，则每台客户端能够节省2000元，投资到物理服务器(服务器端以10万作参考)，按照1∶1的压缩比(所有人都同时使用虚拟桌面)，以50个用户端计算，首次硬件支持成本相当。重要的是，瘦客户端的报废周期一般为6～8年，比PC机长一倍，则终端投资二期就直接减少。

同时，采用利旧方案，在旧计算机上安装桌面云系统客户端，已有计算机也可以改造成云终端。

(2)可以节省购买软件(应用程序、杀毒软件等)版权的费用。桌面虚拟化使我们有可能按照实际使用量或按安装的拷贝数来支付版权费用，而不是按可能的使用量支付版权，大大降低了软件版权费用。

(3)提高资源利用率：统一管理后台数据中心资源，并统一进行调度管理，将资源的利用率最大化。

2.使用成本

PC机一般都在200W以上，瘦客户端则小于10W，电耗差不多是二十分之一。虽然服务器的计算压力会带来一定程度的电耗上升，但是与客户端的大数量相比，可以忽略。所以电费也可以节省差不多90%。这也正适应了目前低碳经济、低碳时代的要求。

需要强调的是，桌面虚拟化的优势，是典型具有规模效应的，终端数量越多，上述的收益和优势越突出。

3.维护成本

在桌面虚拟化技术架构中，客户端所有桌面的管理和配置都在数据中心进行，技术人员从管理端对PC机及其他客户端设备进行集中配置和管理，如系统升级、应用安装等。而不是在每个用户端对桌面进行管理，大大减少了现场维护工作。

以高校机房为例，最早的系统及软件的安装是一项艰苦而又繁复的工作，需要机房管理员手动地对每台计算机进行操作。后来通过加装同传卡，提升了管理维护的效率。但是这种方式仍然有一定局限性。而通过将学生机桌面虚拟化，管理员管理维护的目标可以由多台计算机转变成一台服务器。在安装软件时，管理员只需要在服务器上的桌面镜像上进行一次安装，教师和学生就可以快速获得新的桌面系统。无疑，这样的方式从根本上革新了管理维护的形式，突破了管理维护的效率瓶颈，最大限度地节约学校在机房管理维护上投入的人力成本。

第六章 青葡萄桌面虚拟化系统构建和安装

青葡萄科技桌面虚拟化系统在教育市场具有较高的占有率，本书结合青葡萄科技桌面云系统的应用案例，从实际操作角度出发，图文并茂，读者详细介绍该系统的使用，帮助读者深入理解桌面云的工作原理。

第一节 如何搭建网络

一、桌面云系统网络工作原理

青葡萄科技桌面云系统主要由 3 部分构成：分别是 OVP，OVD 和云终端。其中 OVP 是安装在服务器上的底层虚拟化操作系统。OVD 是在 OVP 上虚拟出来的一台认证服务器。云终端是终端用户接入到虚拟化系统的终端设备。

在整个青葡萄科技桌面云系统中，每个 OVP 需要一个 IP 地址；每个 OVD 需要一个 IP 地址；每个云终端需要一个 IP 地址；此外每个虚拟机也需要一个 IP 地址。

以 10 个云终端（虚拟机）为例，其 IP 地址情况示例如图 6－1 所示。

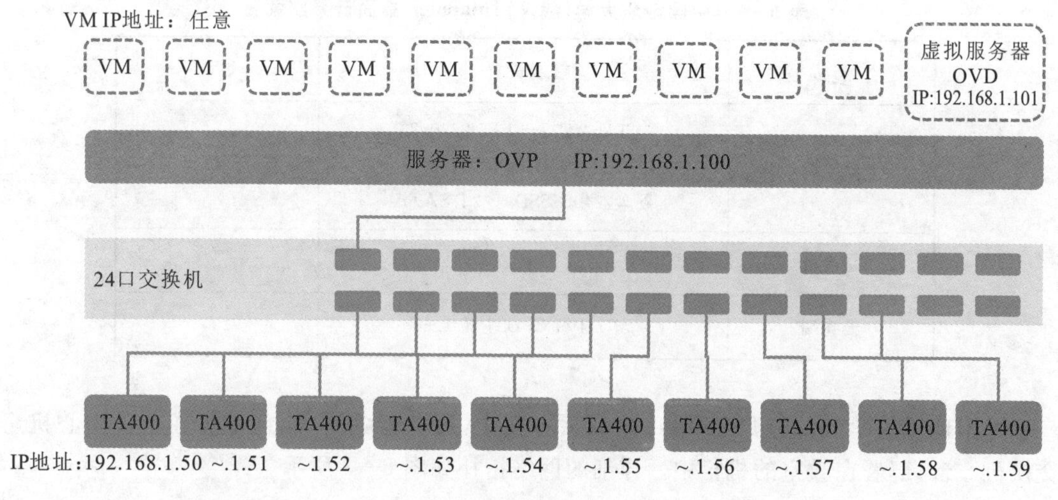

图 6－1 10 个云终端（虚拟机）系统的 IP 分配示意图

在青葡萄桌面云系统中，需要保证 OVP，OVD 和云终端物理连通，每个虚拟机（VM）的 IP 地址，可以设置，也可以不设置，并不会影响到虚拟机的连接。其工作原理如图 6－2 所示。

由图可见，只要 OVP，OVD 与云终端连通，那么 OVP 平台上的虚拟机，就可以传送到云终端上，并最终显示在显示设备上。

OVP 与虚拟机的关系相当于桥接关系：即相当于所有 OVP 上的虚拟机和 OVP 自身都连接在交换机的一个网口上，OVP 作为网桥，对网络来言，是透明的。

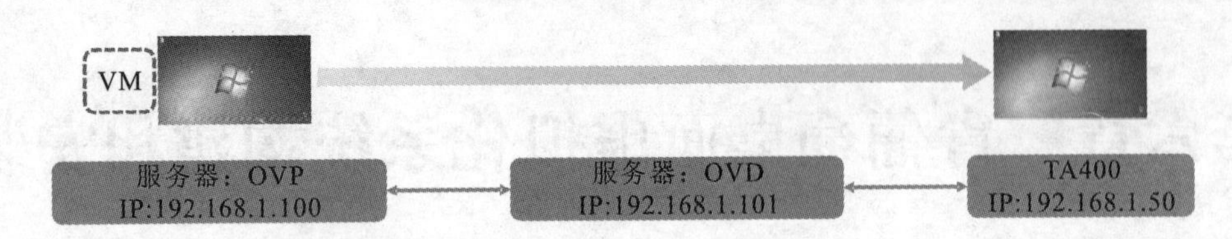

图 6-2 青葡萄桌面云系统网络工作原理

青葡萄科技桌面云系统具有以下优势。

(1)OVD 是在 OVP 系统上虚拟出来的，为了保证系统的可靠性，可以在 OVP 上虚拟出多台 OVD，从而解决 OVD 系统的单点故障。

(2)通过虚拟机的 IP 地址与物理网络分析，在使用虚拟机的时候，可以在虚拟机里直接更改 IP 地址，也可以直接禁用网络，不会造成虚拟机的断开，使用体验与传统 PC 机一致。

(3)OVP,OVD 和云终端的 IP 地址，可以跨网段，跨 VLAN，只要在交换机/路由器上设置，保证物理可达即可。

二、中国地质大学(武汉)Thinputer 桌面云系统网络配置与规划

本次项目中，中国地质大学(武汉)共拥有 110 个虚拟机授权，其中 100 台用于学生机房，10 台用于教师办公。我们以 100 台学生机房用虚拟机为例来部署整个系统的网络。

该方案硬件配置如表 6-1 所示。

表 6-1 中国地质大学(武汉)Thinputer 桌面云系统配置

产品	主要配置	数量
服务器	CPU:2 路 Intel E5-2620v2 内存:64G DDR3 内存 硬盘:240G SSD + 2T SATA	4
交换机	24 口千兆交换机	5
云终端	CPU:4 核 CPU 主频 1.6G	100

中国地质大学(武汉)Thinputer 桌面云方案中，服务器共有 4 台，部署在单位中心机房。交换机 5 台，部署在教室的机柜中。详细的网络拓扑如图 6-3 所示。

拓扑解说：

(1)把 100 个云终端，按 20 个一组，共分为 5 组，分别接入到 5 个交换机上，每个交换机都是 24 口交换机，100 个云终端布线完毕之后，每个交换机剩余 4 个网口。

(2)5 个千兆交换机与中心机房的核心交换机相连(注意:此时必须用千兆网线连接)。

(3)4 台服务器与中心机房的核心交换机相连(注意:此时也必须用千兆网线或者光纤连接，保证整个系统的速度)。

拓扑连接好之后，接下来需要规划网络 IP 地址。在中国地质大学(武汉)相关老师的协助之下，Thinputer 桌面云系统的 IP 地址规划如表 6-2 所示。

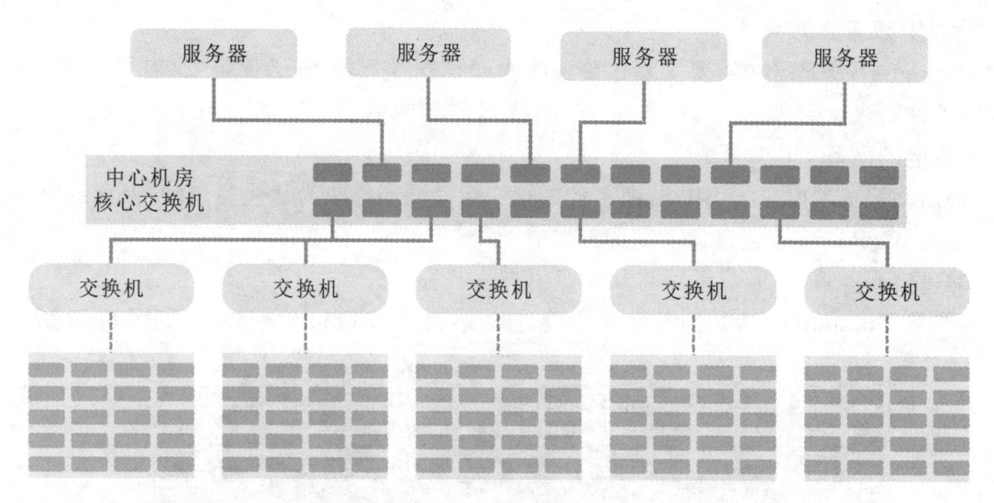

图 6-3　中国地质大学(武汉)Thinputer 桌面云方案详细拓扑

表 6-2　中国地质大学(武汉)Thinputer 桌面云方案 IP 地址规划

网元	主要配置	备注
服务器 OVP	OVP1:10.10.180.1 OVP2:10.10.180.2 OVP3:10.10.180.3 OVP4:10.10.180.4	掩码均为 24 位
虚拟服务器 OVD	OVD1:10.10.180.6 OVD2:10.10.180.7	虚拟出两个 OVD 服务器,相互备份
云终端	云终端 1:10.10.180.11 云终端 2:10.10.180.12 … 云终端 100:10.10.180.110	掩码均为 24 位
虚拟机	虚拟机 1:10.10.180.131 虚拟机 2:10.10.180.132 … 虚拟机 100:10.10.180.230	掩码均为 24 位

第二节　安装虚拟化系统并调试网络

一、如何安装 OVP 系统

出于简单起见,本书只介绍最简单场景(无需挂载存储硬盘、无需集群、无需 RAID 设置等)下的系统安装,加入桌面云服务器需要配置外接存储,或者需要做集群、RAID 等操作,请联系青葡萄科技相关办事处,由原厂工程师负责安装实施。

1. OVP 服务器的安装

Thinputer OVP 平台需要安装在单独的物理服务器上，请务必保证安装的硬件资源符合系统的硬件要求。

安装前的准备工作如下。

(1)启动服务器时进入 BIOS，把服务器第一启动顺序修改为从光驱启动，保存退出。

(2)把 OVP 的安装光盘放入到服务器光驱中。

(3)重启服务器，重新启动后将从光盘引导安装程序。

系统从 Thinputer OVP 的镜像启动后，首先进入 Welcome 欢迎界面，如图 6-4 所示。

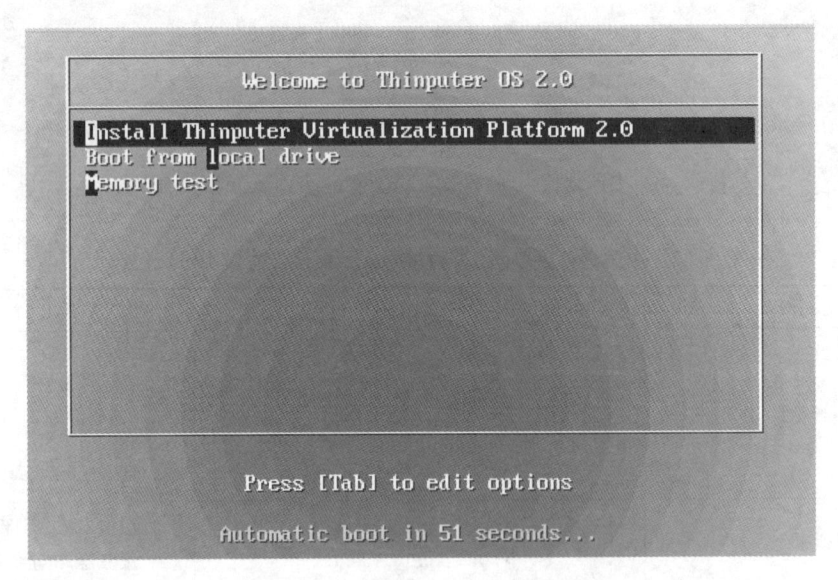

图 6-4　OVP 安装过程——欢迎界面

选择第一项“Install Thinputer Virtualization Platform 2.0”，按“Enter”键进入下一步。如果安装的磁盘还没有初始化，那么请选择初始化所有磁盘，界面如图 6-5 所示。

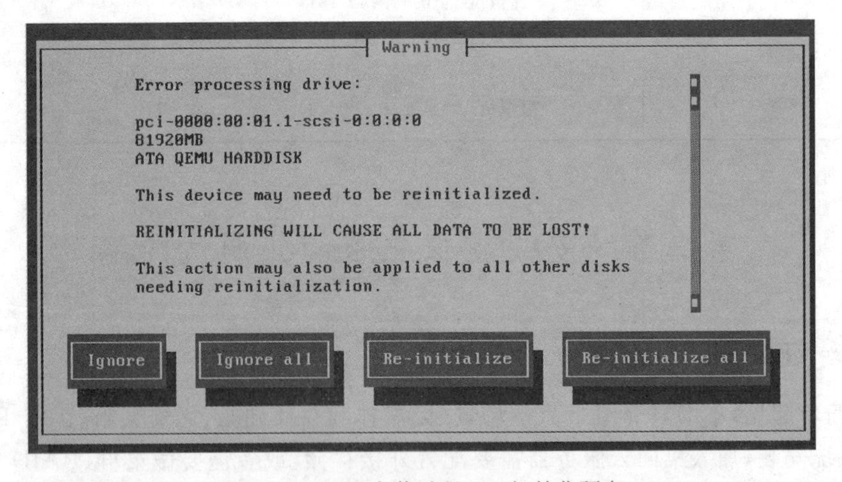

图 6-5　OVP 安装过程——初始化硬盘

选择“Re-initialize all”按“Enter”键进入安装程序，所有安装程序会自动完成，不需要人工进行干预。

系统安装完成后，请重启系统，如图 6-6 所示。

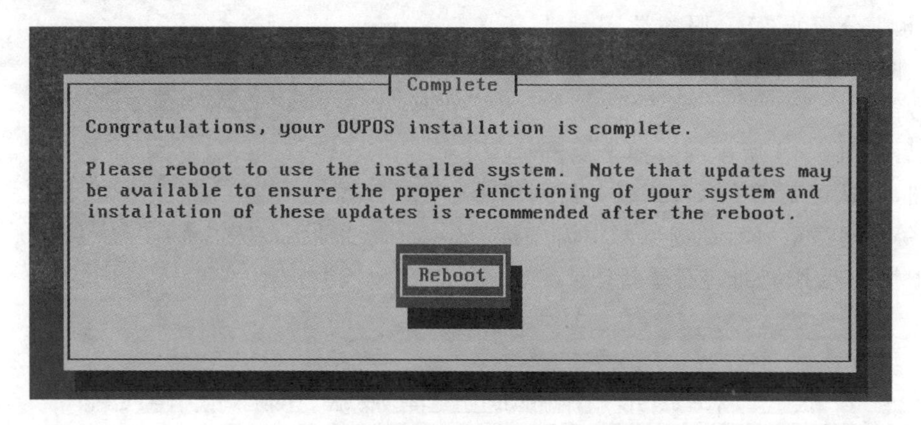

图 6-6　OVP 安装过程——安装完成

按“Enter”键进行重启，用光盘安装时请取出光盘，重启后即可进入系统，然后通过 Web 控制台来管理和配置整个 Thinputer OVP 平台，不需要安装任何客户端软件，系统安装后默认 IP 为 192.168.100.100/24。

2. OVP 服务器的配置

安装并成功启动 OVP 虚拟化平台后，利用浏览器登录管理 OVP 平台，在浏览器(推荐使用 Google 浏览器，对 Thinputer 平台 web 管理界面支持比较好)中输入服务器的 IP 地址(系统安装后默认的 IP 为 192.168.100.100)，OVP 平台会自动跳转到 https 登录页面(图 6-7)。

点击“仍然继续”，往下跳转到下一个界面，如图 6-8 所示。

图 6-7　OVP 平台 https 跳转界面　　　　图 6-8　OVP 平台登陆界面

安装后第一次登录时用户名为“admin”，密码为“adminadmin”，认证方式请选择 OVP 认证，语言请选择您所需要的语言类型即可。

3. OVP 服务器 IP 地址修改

在登录界面输入账户密码后进入管理界面，如图 6-9 所示。

单击“资源树”中“OVP(192.168.100.100)”节点，右侧会出现节点“OVP”相关选项，然后再单击“网络”选项卡，找到“vmbr0 选项条”上双击，进入网络编辑对话框，如图 6－10 所示。

将预先分配的 OVP 服务器 IP 地址、子网掩码、网关填上，网桥端口不用变动，点击“OK”按钮。

最后在图 6－9 所示的页面上点击“应用”按钮，确认之后等待 OVP 服务器网络重启。等待网络重启后在浏览器中输入新的 OVP 服务器 IP 地址进行重新登录。

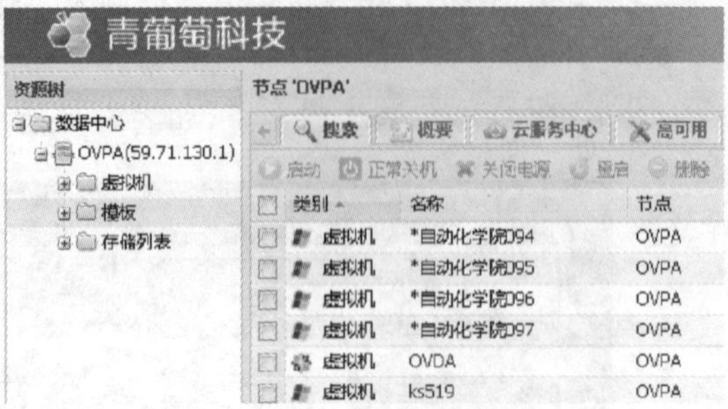

图 6－9　OVP 系统管理界面

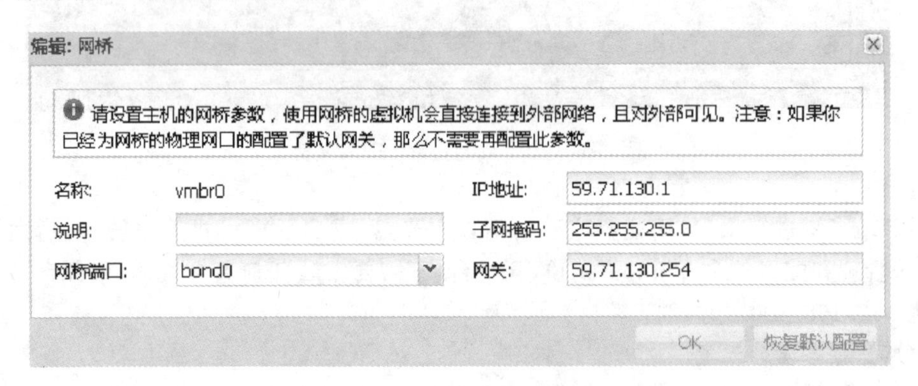

图 6－10　网络编辑对话框

二、如何安装 OVD 系统

OVD 系统与 OVP 系统的安装是不一样的。OVP 系统直接通过光盘安装在物理服务器裸机上，但是 Thinputer OVD 系统，是一个虚拟的服务器系统。所以，在安装 OVD 系统的时候，首先需要把 OVD 的安装镜像上传到 OVP 平台上，之后在 OVP 平台上虚拟出一台服务器，通过虚拟光驱的方式，加载 OVD 安装镜像，来安装 OVD 系统。所以，安装 OVD 系统，首先需要上传 OVD 镜像到服务器上，然后创建一台虚拟服务器，加载 OVD 镜像，最后通过“控制台”的方式来安装 OVD 系统。

1. 上传 OVD 安装镜像

首先登陆到 OVP 的管理界面，如图 6－11 所示。

进入 OVP 管理界面之后，首先在左侧“资源树”中单击“OVP(IP 地址)”节点，打开该节点之后，可以看到“存储列表”节点，单击“存储列表”节点，打开之后，出现“local (OVP)”节点，单击该节点，界面右侧出现“节点 OVP→存储 local”内容。

单击“内容”选项卡，之后单击“上传”按钮，会弹出“上传”对话框，如图 6－11 所示。

图 6－11　OVP 上传文件界面 1

选择需要的 OVD 服务器安装 ISO 镜像(该镜像可以向青葡萄科技工作人员索取),点击上传,上传过程会显示进度条,上传过程中千万不要关闭上传窗口。

2. 创建 OVD 虚拟服务器

首先登陆到 OVP 的管理界面。

进入 OVP 管理界面之后,首先在"资源树"中右键单击"OVP(IP 地址)"节点,弹出选择菜单,如图 6－12 所示。单击"创建虚拟机"菜单项,会弹出创建虚拟机界面,如图 6－13 所示。

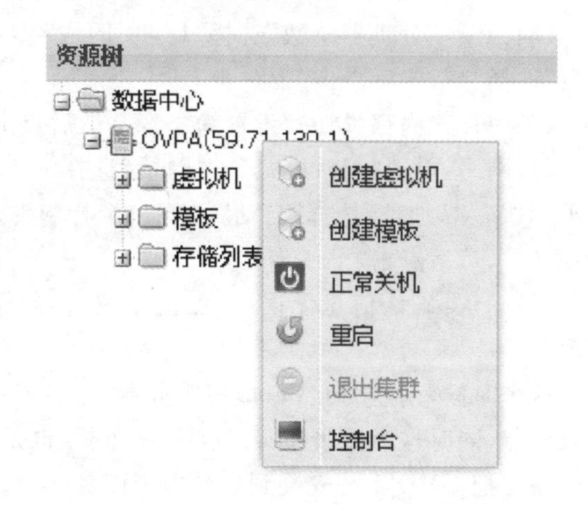

图 6－12　OVP 上传文件界面 2

该创建虚拟机对话框共有 8 个选项卡,来配置虚拟机的基本信息、操作系统、

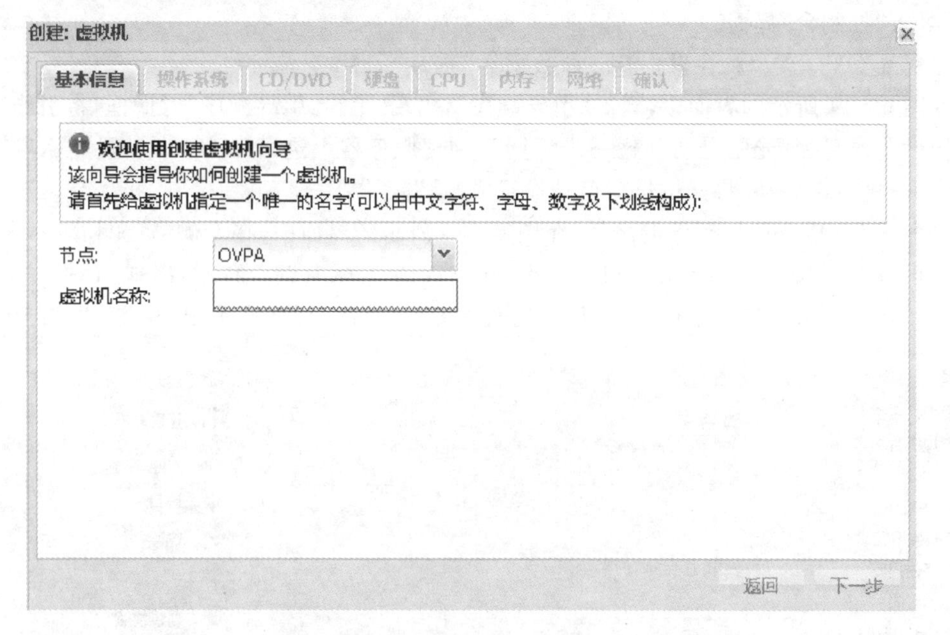

图 6－13　虚拟机创建对话框

系统镜像、硬盘、CPU、内存、网络等选项,并最终确认产生虚拟机。

对于 OVD 服务器,依次配置选项如下。

(1)基本信息:输入虚拟机名称 OVD(这个名字可以自己定义),然后点击"下一步"。

(2)操作系统:"操作系统类型"选择"Linux","操作系统版本"选择"CentOS Enterprise Linux 6.3",然后点击"下一步"。

(3)CD/DVD:单选"使用 CD/DVD 磁盘镜像文件(ISO)","存储"选择"local","ISO 镜像"选择之前上传到 OVP 上的 OVD 安装镜像,然后点击"下一步"。

(4)硬盘:"磁盘类型"选择"IDE"和"0","存储"选择"local","磁盘大小"设置为"32(G)","磁盘格式"选择"QEMU 格式(qcow2)","磁盘缓存"选择"Write back",然后点击"下一步"。

(5)CPU:“处理器个数”选择“1”,“CPU 类型”选择“当前物理机 CPU 类型”,“每个处理器核数”选择“1”,然后点击“下一步”。

(6)内存:“内存(MB)”设置为“512”,然后点击“下一步”。

(7)网络:单选“网桥模式”。“网桥”选择“vmbr0”,“网卡类型”选择“VirtIO (Paravirtualized)”,“MAC 地址”选择“自动”,“VLAN 标签”选择“没有 VLAN”,“速率限制(MB/s)”选择“不限制”,然后点击“下一步”。

(8)确认:确认信息无误后,点击完成,即创建成功一台虚拟机/虚拟服务器,如图 6-14 所示。

这个时候,创建的 OVD 虚拟服务器,相当于一台已经配置了特定 CPU、内存、硬盘资源的裸服务器,同时这台裸服务器里有一个光驱(也是虚拟的),光驱中有 OVD 系统的安装镜像。接着需要把 OVD 系统安装到这台虚拟服务器中。这里可通过“控制台”界面来进行安装。

“控制台”相当于这台虚拟服务器连接的显示器,然后通过“控制台”将这台虚拟服务器显示的内容显示到 IE 浏览器中。所以,在安装虚拟 OVD 服务器之前,需要先配置 OVD 服务器,并进入“控制台”界面。

3. 配置 OVD 虚拟服务器,并进入“控制台”界面

在图 6-14 所示的界面中,双击“引导顺序”,出现“编辑:引导顺序”对话框,将引导顺序第一引导设备设置为“光驱启动”(这一步等同于物理服务器上进入 BIOS 中设置光驱启动),然后双击“开机自动启动”将开机自动启动设置成“是”。

在配置完 OVD 虚拟服务器之后,在图 6-15 所示的界面中,在左侧“资源树”中,点击“虚拟机”,可以看到“OVD”这台虚拟机的图标,在“OVD”图标上点击右键,出现如图 6-15 所示的菜单。首先点击“启动”菜单项,然后点击最下方的“控制台”菜单项,即可进入“控制台”。

状态	
虚拟机名称	whong
虚拟机备注	
状态	停止
IP 地址	
CPU使用率	-
内存使用率	已用: 0 总共: 1.00GB(*)
运行时间	-
是否启用HA	否
共享存储	-
模板	-
操作系统	Microsoft Windows 7
磁盘使用率 (ide0)	已用: 259KB 总共: 20.00GB
虚拟机类型	持久

图 6-14　已经成功创建了 OVD 虚拟服务器

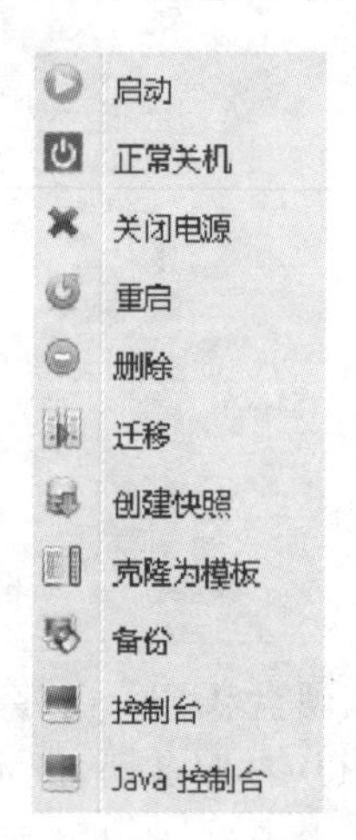

图 6-15　进入“控制台”

进入“控制台”界面,需要系统支持 Java 插件,假如进入控制台出现问题,请检查电脑是否安装 Java 控件。

4. 通过控制台安装 OVD 系统

系统从 Thinputer OVD 的镜像启动后,首先进入 Welcome 欢迎界面。

选择第一项“Install Thinputer Virtualization Platform 2.0”，按“Enter”键进入下一步。

如果安装的磁盘没有初始化过，那么选择初始化所有磁盘，如图 6－16 所示。

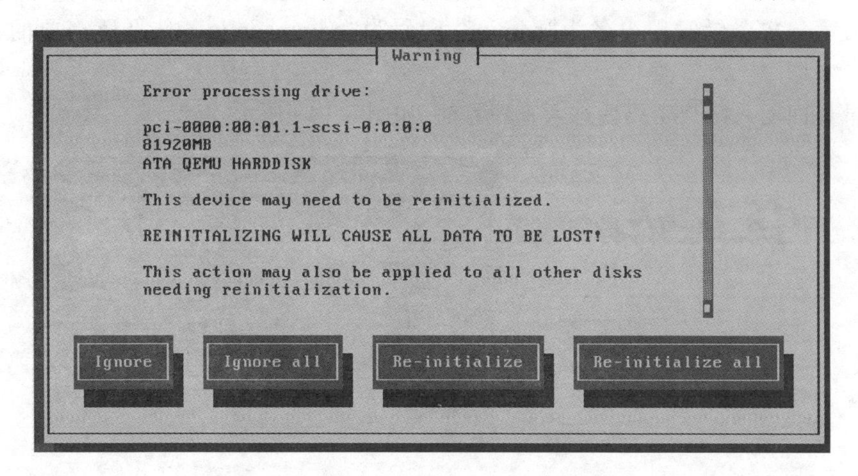

图 6－16　OVD 安装过程——初始化硬盘

选择“Re-initialize all”按“Enter”键进入安装程序，所有安装程序会自动完成，不需要人工进行干预。

系统安装完成后，重启系统，如图 6－17 所示。

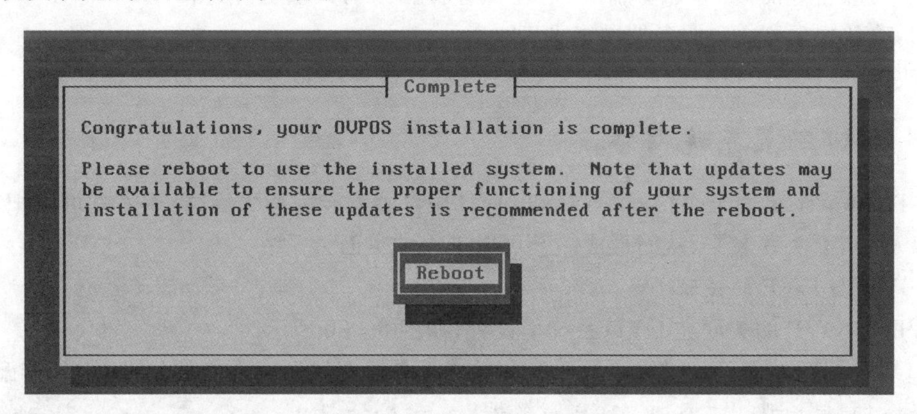

图 6－17　OVD 安装过程——安装完成

按“Enter”键进行重启，用光盘安装的需取出光盘，重启后即可进入系统，通过 web 控制台来管理和配置整个 Thinputer OVD 平台，不需要安装任何客户端软件，系统安装后默认 IP 为 192.168.100.101/24。

安装完成后，再次修改 OVD 服务器虚拟机的引导顺序为硬盘启动，再在虚拟机右键菜单中停止虚拟机，停止成功虚拟机图标状态为灰色，再次启动虚拟机。

到此 OVD 服务器安装完成。

5. 登陆 OVD 服务器并更改 IP 地址

安装并成功启动 OVD 服务器后，可以利用浏览器登录管理 OVD 平台，在浏览器(推荐使用 google 浏览器，对 Thinputer 平台 web 管理界面支持比较好)中输入服务器的 IP 地址(系统安装后默认的 IP 为 192.168.100.101)，OVP 平台会自动跳转到 https 登录页面，然后进入平台登陆界面，如图 6-18 所示。

安装后第一次登录时用户名为“admin”，密码为“adminadmin”，选择所需要的语言类型即可。

在登录界面输入账户密码后进入管理界面，如图 6-19 所示。

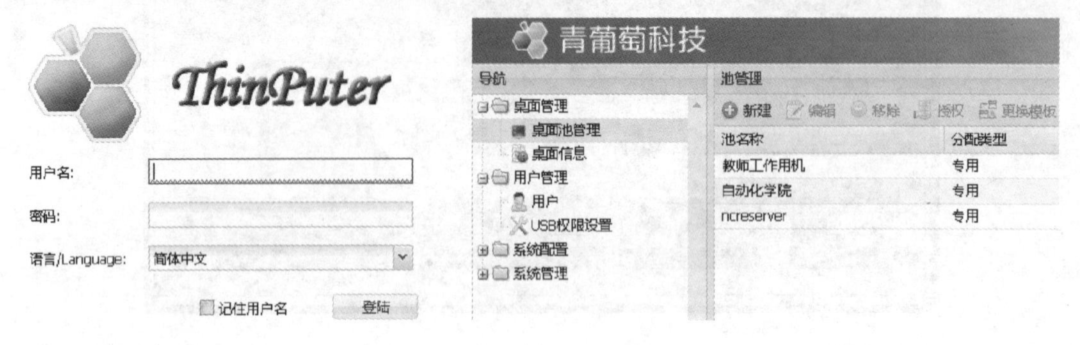

图 6-18　OVD 平台登陆界面　　　　图 6-19　OVD 管理界面

单击左侧“导航”中的“系统配置”下的“本地配置”，右侧会出现“本地配置”信息。在“网络”选项卡中选择“bond0”，并双击，会弹出网络编辑对话框。

将预先准备好的 OVD 服务器 IP 地址、子网掩码、网关填上，点击“OK”，然后再点击“应用”按钮，确认之后，OVD 服务器网络重启。

修改 IP 地址后可以在浏览器中输入新的 OVD 服务器 IP 来访问 OVD 桌面管理界面。

三、如何配置系统网络

在 Thinputer 桌面云系统的 OVP 和 OVD 服务器安装完毕之后，接下来就可以把云终端 OVD 以及 OVP 关联起来，从而形成一套可以工作的桌面云系统。

1. OVD 与 OVP 的关联

OVD 与 OVP 的关联在 OVD 系统里设置，如图 6-20 所示。

在 OVP 配置界面里，选择“本地配置”中的“服务器配置”，会在右侧出现“服务器配置”界面，选择添加，就会弹出“添加：OVP 服务器”对话框。在对话框中输入 OVP 服务器的 IP 地址、用户名、密码，即可实现 OVP 与 OVD 的关联。

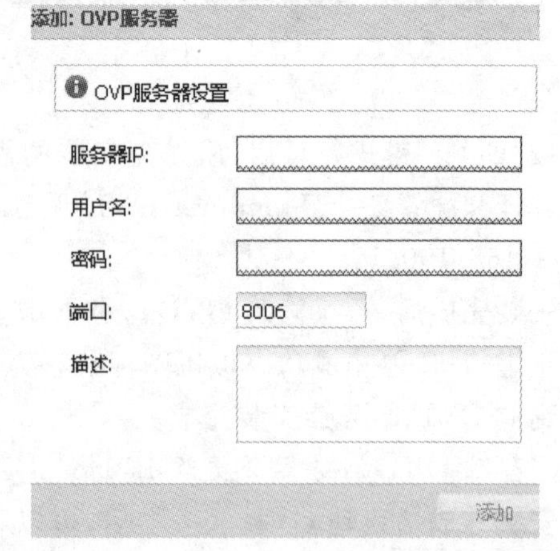

图 6-20　OVD 中设置与 OVP 关联的界面

在 Thinputer 桌面云系统中，一台 OVP 上可以虚拟出多台 OVD 服务器，一台 OVD 可以关联多台 OVP 服务器，在 OVP 与 OVD 之间，形成网状的逻辑结构，保障了系统的稳定性。系统不会存在单点故障。

2. 云终端与 OVD 的关联

云终端连接到服务器上，只需与 OVD 关联即可。通过 OVD 认证之后，云终端就可以与 OVP 资源池中对应的虚拟机通信。

如果采用 TA400 作为云终端，那么只需要在设置界面中，输入 OVD 的 IP 地址即可。

对于一个云终端，同样可以关联两个或多个 OVD 服务器，在关联多个服务器的时候，只需要用"；"隔开，不用 OVD 服务器的 IP 地址即可。

以中国地质大学（武汉）的桌面云系统为例，最终 Thinputer 桌面云系统的逻辑结构如图 6-21 所示。

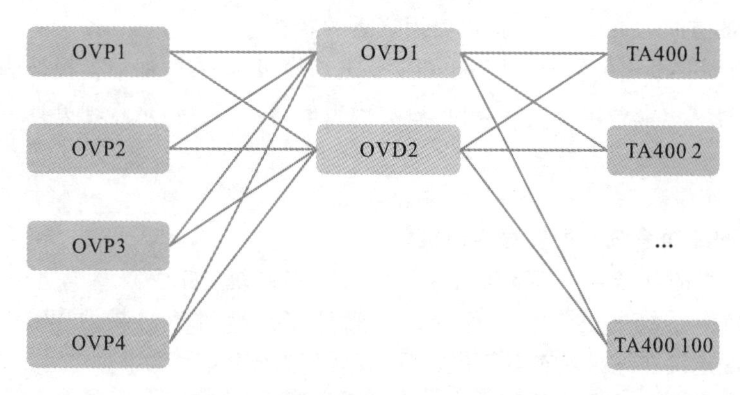

图 6-21 中国地质大学（武汉）的 Thinputer 桌面云系统逻辑结构图

第三节 创建模板

一、模板的工作原理与设计原则

在 Thinputer 虚拟化系统中，可以说模板是整个系统的核心。在管理员日常的管理工作中，可能大部分维护工作都与模板息息相关。

1. 模板的工作原理

模板的工作原理，与传统 PC 机中的 GOEST 系统比较类似，虚拟化系统中的所有的虚拟机，都是通过模板生成出来的，模板代表着每个虚拟机生成时的初始状态。

图 6-22 说明了模板与用户虚拟机之间的关系。

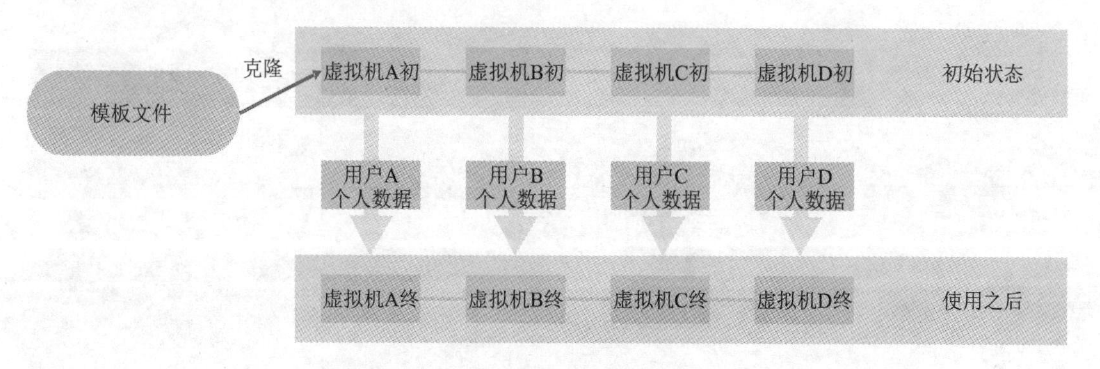

图 6-22 模板与用户虚拟机之间的关系

在 Thinputer 桌面云系统中，虚拟机与模板文件采用增量存储的方式进行存储。在初始状态下，由模板文件克隆出一组虚拟机，这些虚拟机最初的文件只有 196kb，表明这些虚拟机与模板文件一样，未对系统做任何更改。

在虚拟机被用户使用之后，每台虚拟机都会或多或少被改变，而这些系统被改动的数据，会被作为个人数据保存下来。

虚拟机每次启动的时候，首先会读取虚拟机的模板文件，然后去读取该虚拟机的个人数据，通过重定向的方式，最终生成虚拟机使用之后的状态。

对于一组由同一个模板生成的用户，必须要把该模板维护好，如果模板被删除或者出现问题，那么该组用户就可能会出现问题。所以，对模板的保护、备份，是管理员日常工作中的重要部分。

2. 模板的设计原则

(1)优化后的纯净系统一般要存为模板。

一般用户使用的环境，大多都是先安装底层操作系统（如：Win XP，Win 7，Linux 系统等），然后再在操作系统之上安装各种个性化软件，所以，对于初装的 Windows 系统或者 Linux 系统，通常建议在纯净状态下优化之后，然后存为模板。

(2)最大公约值原则来保存模板。

假设现在有 3 个常用的场景，分别是场景 A、场景 B、场景 C。3 个场景需要安装的软件如表 6 - 3 所示。

表 6 - 3　3 个环境需要安装的软件示意

场景	底层操作系统	需要安装的软件
场景 A	Win 7	暴风影音、Office、极域教学软件、Photoshop、AutoCAD
场景 B	Win 7	暴风影音、Office、QQ、遨游浏览器、PDF 阅读器、Photoshop
场景 C	Win 7	暴风影音、Office、MATLAB、VB、VC

那么，模板设计与保存可以按照图 6 - 23 来进行，这样可以节省较多工作量。

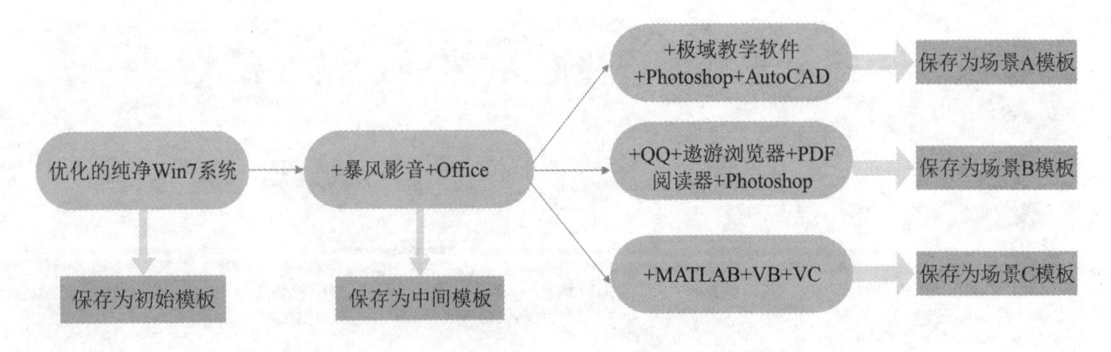

图 6 - 23　针对三个假设场景设计模板的流程

二、如何创建 Window 系统

创建 Window 系统与安装 OVD 系统基本完全一致，读者可以参考第六章第二节内容，唯一的区别是，有些地方的设置不太一样，如表 6 - 4 所示。

表 6 - 4　安装 Win 7 系统与安装 OVD 系统的对比表

设置项	Win 7 系统	OVD 系统
上传的镜像	Win 7 系统 ISO 安装镜像	OVD 系统 ISO 安装镜像
虚拟机新本信息	Win 7(可以自己定义)	OVD(可以自己定义)
操作系统	Window＋Window 7	Linux＋CentOS Enterprise Linux 6.3
CD/DVD	Win 7 系统 ISO 安装镜像	OVD 系统 ISO 安装镜像
硬盘	45G(按需配置)	32G
CPU	建议 2＋2	1＋1
内存	建议 3G	512M
网络	默认	默认

经过上传 Win 7 安装镜像，创建 Win 7 虚拟机之后，可以通过“控制台”进入 Win 7 安装界面，安装步骤和传统 PC 机安装 Win 7 一致。

其他系统，如 Win XP 系统，或者 Linux 系统的安装，基本都和上述过程一致。

三、如何安装软件并保存模板

假设安装完 Win 7 系统之后的虚拟机，我们命名为：Win 7-BASE。接着在该台虚拟机上安装教学或者办公需要的软件，并保存为模板供后续使用，在虚拟机上安装软件，有多种方式，比如，通过虚拟光驱上传软件镜像到服务器上，然后在虚拟机控制台界面上安装；或者通过网络共享的方式，在虚拟机控制台界面中安装；还可用该 Win 7-BASE 生成一个实例，直接通过云终端登陆的方式安装。

1. 虚拟光驱方式安装软件

采用这种方式的时候，首先把需要安装的软件安装包制作成 ISO 镜像，然后把 ISO 镜像文件上传到 OVP 上，上传方式与上文讲述的上传 OVD 镜像方法一致。

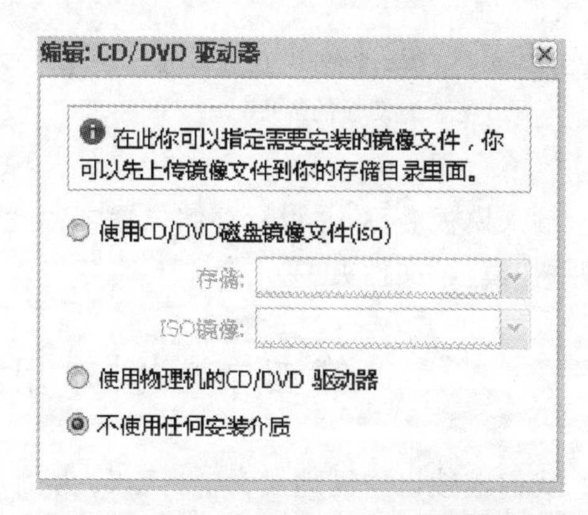

图 6 - 24　OVP 系统界面中虚拟机通过虚拟光驱加载 ISO 镜像界面

接下来，再在虚拟机的虚拟光驱中加载该安装软件的 ISO 镜像，如图 6 - 24 所示。

进入 OVP 管理界面，单击“资源树”中“Win 7-BASE”节点，右侧会显示“节点 OVP→虚拟机 Win 7-BASE”的相关信息，点击“硬件”选项卡，然后双击“CD/DVD 驱动器(ide2)”，会出现“编辑：CD/DVD 驱动器”对话框，在对话框中，选择需要安装的已经上传到 OVP 上的软件

ISO 镜像即可。

这时在虚拟机“控制台”界面里，虚拟机里光驱会出现软件安装包，直接安装该软件即可。

2. 网络共享方式安装软件

通过这种方式，直接采用 Windows 自身的“文件共享”的方式，配置好网络，直接在虚拟机“控制台”界面中安装软件。

需要注意的是，“文件共享”需要正确设置，同时需要保证系统网络连通。

3. 云终端方式

采用这方式的时候，直接通过 Win 7-BASE 模板生成一个实例，然后分配该实例一个用户，通过用户账号密码在云终端上登陆之后，直接登陆虚拟机，这种方式安装软件，与传统 PC 机一致，至于如何通过模板创建实例，并分配用户，下文会讲到。

4. 虚拟机保存为模板

在 Thinputer 桌面云系统中，任何一台虚拟机在关机状态下，均可以保存为模板。模板可以直接生成大量虚拟机。

在 Thinputer OVP 系统界面里，选择需要保存为模板的虚拟机，在该虚拟机节点上点击右键，会弹出一个菜单，如图 6 - 25 所示。然后点击“克隆为模板”菜单项，即出现图 6 - 26 所示的对话框。

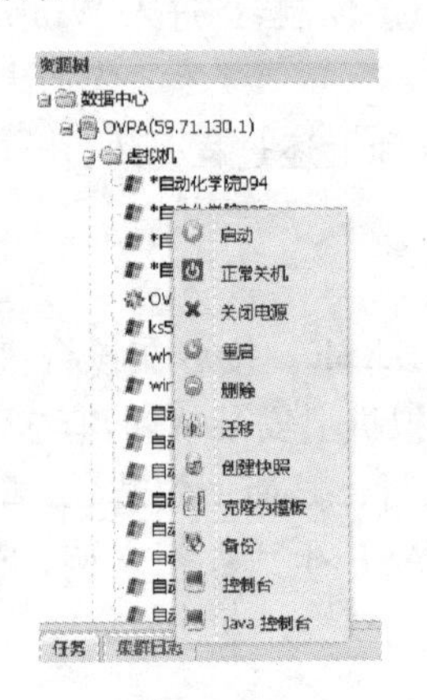

图 6 - 25　OVP 系统中，由虚拟机克隆为模板的界面

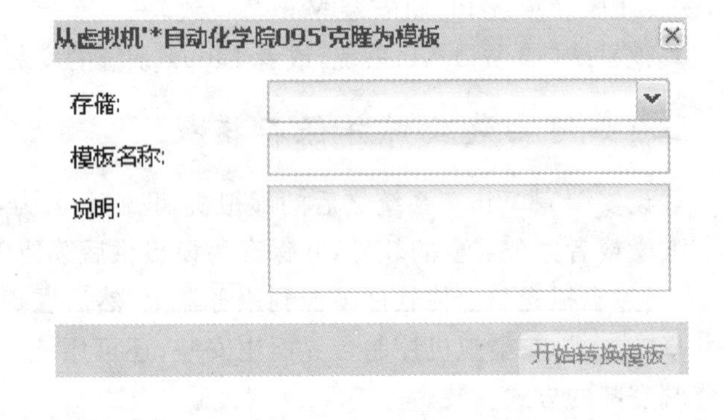

图 6 - 26　OVP 系统中，克隆为模板对话框

输入模板名称，并设置存储位置之后，就可以保存模板了。模板保存之后，会出现在 OVP 资源树“模板”文件夹中。

第四节　创建用户并为其分配虚拟机

我们继续以中国地质大学（武汉）为例，中国地质大学（武汉）Thinputer 桌面云学生机房共有 100 个用户，我们分为 4 步：首先创建 100 个用户；其次为每个用户分配 1 台虚拟机；紧接着为每个用户再分配 1 台虚拟机；最后为每个用户删除虚拟机，只为每个用户保留 1 个虚拟机。

通过这 4 个场景，基本可以满足日常机房管理上用户与虚拟机配置的需要。在创建用户与分配虚拟机之前，需要做的准备工作是：

(1)规划好用户的分组。由于这100个用户，均为学生用户，所以，100个用户设置为1组即可。假如用户有多组，如教师组、学生组，那么，需要分别对每组进行操作，原理都是一样的。

(2)在OVP系统里，事先做好两个模板，一个模板命名为“Win 7”，代表一个Win 7系统；一个模板命名为“Win XP”，代表一个Win XP系统。

一、创建100个普通用户

创建用户，需要在Thinputer OVD系统中操作，Thinputer桌面云系统可以批量创建用户，从而可以大大减少管理员的配置与管理工作。

在创建100个普通用户的时候，首先登陆OVD系统管理界面，点击左侧“导航”栏下的“用户管理”，右侧出现“用户”信息面板，如图6-27所示。

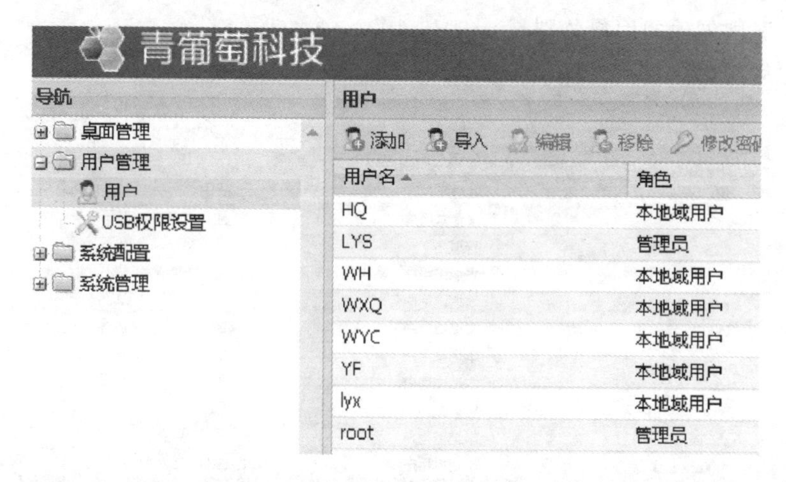

图6-27　OVD系统中，创建用户界面

点击“添加”按钮，会弹出“添加：用户”对话框，如图6-28所示。

添加：用户
创建/编辑用户
用户名：　过期时间：never
密码：　描述：
确认密码：　启用：
角色：管理员　本地域用户　批量创建：1
首次登录绑定终端：
添加

图6-28　OVD系统中，添加用户配置对话框

创建用户时，需要配置的信息如下：

(1)用户名：这个用户名，可以自己定义。用户创建之后，用户在云终端上可以通过该用户名和相应的密码，登陆到桌面云平台。

(2)密码和确认密码:为该用户设置密码。

(3)角色:可以设置不同的用户角色,如管理员、本地域用户等。

(4)过期时间:设置该用户或改组用的有效时间,如果选择"never",说明该用户或用户组永远有效。

(5)描述:为该用户或用户组设置备注信息。

(6)启用:设置该用户或用户组,是否启用。

(7)批量创建:可以在这里设置用户创建的数量,用户组最大可以支持999个用户同时批量创建。批量创建用户时,会在用户名之后自动加后缀进行区分,如,用户名设置为Thinputer,批量创建10个,那么10个用户的用户名分别是:Thinputer001,Thinputer002,…,Thinputer010。

按照此方法,为学生机房创建100个用户,"用户名"设置为:"st"(代表:student),批量创建设置为"100",则创建的用户分别是:st001,st002,…,st100。

创建完之后的用户,在系统中显示如图6-29所示。

用户

添加　导入　编辑　移除　修改密码　模板下载　　过滤用户名:

用户名	角色	启用	过期时间
HQ	本地域用户	是	从不
LYS	管理员	是	从不
WH	本地域用户	是	从不
WXQ	本地域用户	是	从不
WYC	本地域用户	是	从不
YF	本地域用户	是	从不
lyx	本地域用户	是	从不
root	管理员	是	从不
st001	本地域用户	是	从不
st002	本地域用户	是	从不
st003	本地域用户	是	从不
st004	本地域用户	是	从不
st005	本地域用户	是	从不
st006	本地域用户	是	从不
st007	本地域用户	是	从不
st008	本地域用户	是	从不

图6-29　OVD系统中创建的100个用户

批量创建的同一组用户,用户名是按照系统规则自动生成的,密码都是一样的,但是在用户创建之后,可以分别对每一个单独用户进行"编辑""移除""修改密码"等操作。

除此之外,Thinputer桌面云还可以为每一个用户设置不同的系统权限,本书只讲一些基础的操作,对于权限设置等复杂操作,请参考青葡萄科技桌面云平台系统操作手册,或者由厂家工程师协助设置,本书中不再做详细介绍。

二、创建100台虚拟机

创建完100个用户之后,接着我们再创建100台虚拟机。创建虚拟机,也需要在Thinputer OVD系统中操作,Thinputer桌面云系统可以批量创建虚拟机,通过批量创建虚拟机,同样大大减少管理员的配置与管理工作。

在创建 100 台虚拟机的时候，首先登陆 OVD 系统管理界面，点击左侧“导航”栏下的“桌面管理”子项“桌面池管理”，右侧出现“池管理”信息面板，如图 6－30 所示。

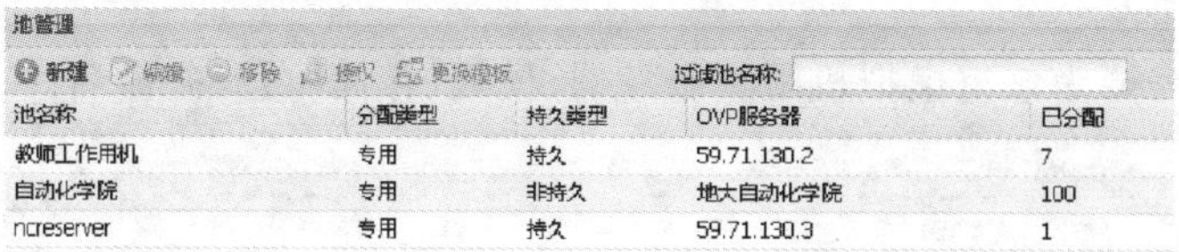

图 6－30　OVD 系统中，桌面池管理界面

点击“新建”按钮，会弹出“创建：桌面池”对话框，如图 6－31 所示。

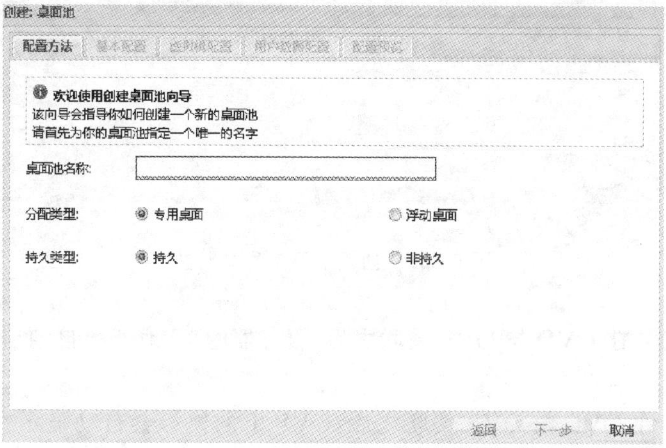

图 6－31　OVD 系统中，添加桌面池对话框

桌面池的创建，相比用户的创建，要复杂很多，这里结合系统截图，一步一步来说明。

1. *配置方法*

在该步骤中，首先需要给桌面池命名，该命名是桌面池的代号。之后设置桌面池是“专用桌面”，还是“浮动桌面”；是“持久桌面”，还是“非持久桌面”。这 4 个选项的含义如表 6－5 所示。

表 6－5　桌面池配置方法 4 个选项的含义

类型	选项	含义
分配类型	专用桌面	该虚拟机会分配给固定的用户使用。每个虚拟机对应一个固定用户。每次使用虚拟机的用户是固定用户
	浮动桌面	该组虚拟机会分配给一组用户使用，每组虚拟机对应一组用户，每次使用虚拟机的用户可以是该组用户中的不同用户
持久类型	持久桌面	用户在虚拟机上保存的个人数据，永远存在，直到虚拟机损毁或者更换模板
	非持久桌面	用户在虚拟机上保存的个人数据，会定时被刷新，所有个人数据及设置均会被还原，相当于传统 PC 机安装了还原卡的功能。并且定时刷新，可以设置日期和时间，如每周几的几点钟全部刷新，如图 6－35 所示。日期可以多选，如同时选择“星期一”“星期二”“星期三”等

这里我们设置为：桌面池名称“ST”，分配类型为“专用桌面”，持久类型为“非持久”。“非

持久”的还原周期为每天凌晨 00:00。

设置完之后,点击“下一步”。

2.基本配置(图 6 - 32)

在该步骤中,需要为该组虚拟机配置服务器、模板、存储位置,并命名。

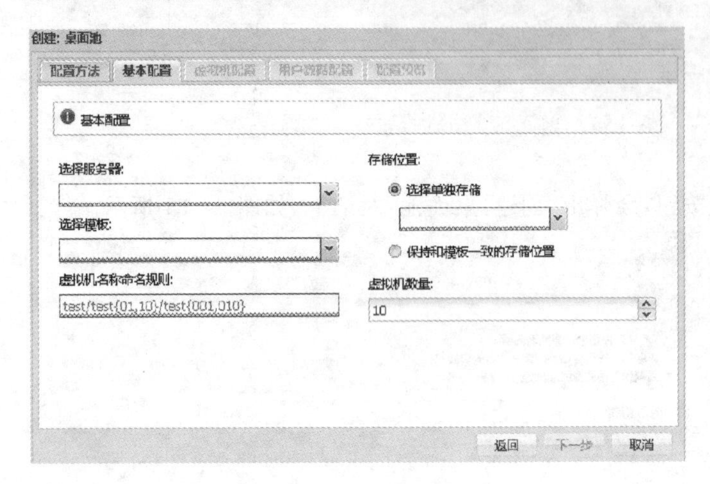

图 6 - 32　创建桌面池基本配置

(1)选择服务器:在 OVD 与 OVP 关联之后,服务器的 IP 地址会自动出现,直接选择相应的服务器即可。

(2)选择模板:在 OVD 与 OVP 关联之后,OVP 上的模板会自动显示在下拉框里,这里,我们已经在 OVP 上制作了 Win 7 系统模板和 Win XP 系统模板,此处,我们可以选择任意一个模板。

(3)虚拟机名称:代表这一组虚拟机中每一台虚拟机的名称。如果是批量创建,自动命名规则与用户组命名规则一致。

(4)存储位置:可以选择“保持和模板一致的存储位置”,也可以选择单独的存储,如本地存储 local 或者外接存储设备。

(5)虚拟机数量:最大可设置为 999。如果是批量创建,自动命名规则与用户组命名规则一致。

按图 6 - 32 显示的内容,设置完之后,点击“下一步”。

3.虚拟机配置(图 6 - 33)

在该步骤中,需要为该组虚拟机配置 AD 域信息、网络设置及主机名。

(1)虚拟机加入域:配置虚拟机与 AD 域的结合,如果没有 AD 域,改组可以不填写。

(2)网络设置:配置虚拟机的 IP 地址,把之前规划好的 IP 地址直接填入即可。假如是批量生成,这里只需要填写起始 IP 地址即可,后续会自动按顺序生成所有虚拟机的 IP 地址。网络设置可以不配置,虚拟机相当于没有配置网络,但是可以直接使用。

(3)主机名修改:该主机名对应的是 Window 系统中的主机名,如果是批量创建,自动命名规则与用户组命名规则一致。

按图 6 - 33 显示的内容,设置完之后,点击“下一步”。

创建：桌面池

配置方法　基本配置　虚拟机配置　用户数据配置　配置预览

在此配置您的虚拟机参数。这些参数会自动在虚拟机克隆时配置，可以避免虚拟机克隆时产生冲突，同时简化你的配置。如果您的虚拟机要加入域，请确保系统配置中的域服务器已配置完成。

虚拟机加入域　　虚拟机网络设置
AD域：　　虚拟机起始IP：
AD域用户名：　　子网掩码：
AD域密码：　　网关：
域DNS：　　虚拟机主机名修改
备用DNS：　　主机名名称命名规则：hostname/hostname{01,10}/
虚拟机空闲策略：无　　虚拟机用户名修改
空闲时间(分钟)：10
多媒体重定向　　用户名名称命名规则：user/user{01,10}/user{001,0

返回　下一步　取消

图 6-33　创建桌面池虚拟机配置

4. 用户数据配置(图 6-34)

在该步骤中，需要为该组虚拟机配置数据盘，也就是通常 Windows 系统的 D 盘。数据盘可以不配置，也可以按需要配置，并选择存放位置。

按图 6-34 显示的内容，设置完之后，点击“下一步”。

5. 配置预览(图 6-35)

确认信息之后，点击“完成”，即生成 100 台虚拟机。如想查看每台虚拟机，可以在 OVP 平台中查看。

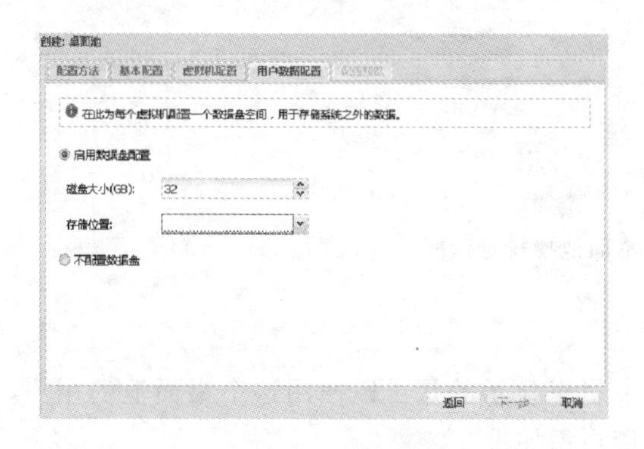

图 6-34　创建桌面池用户数据配置

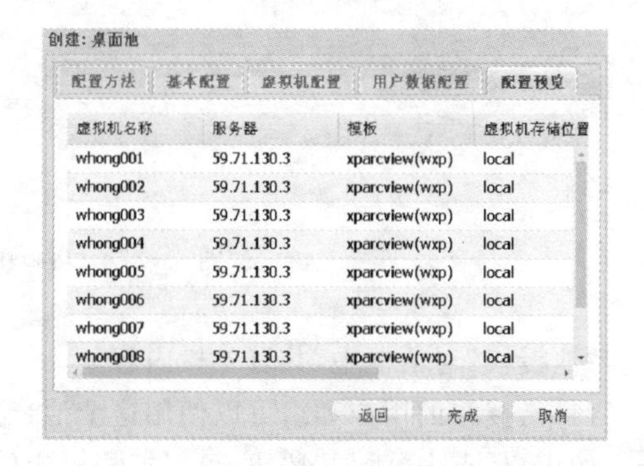

图 6-35　创建桌面池配置预览

三、为用户分配虚拟机

在 100 个用户与 100 台虚拟机均创建完之后，接下来，需要把虚拟机与用户关联起来。在 Thinputer 桌面云系统中，用户与虚拟机的关联，是通过对虚拟机组进行“授权”的方式完成的。

Thinputer 桌面云系统中，不同的虚拟机可以同时“授权”给相同的用户，但是一台虚拟机只能授权给同一个用户。换句话说，就是，用户与虚拟机，可以是 1 对 1 的关系，也可以是 1 对多的关系。

那么，如何给虚拟机“授权”并与特定用户关联呢？

打开 OVD 界面，点击“导航”下“桌面池管理”。界面右侧会出现“池管理”界面，如图 6-36 所示。

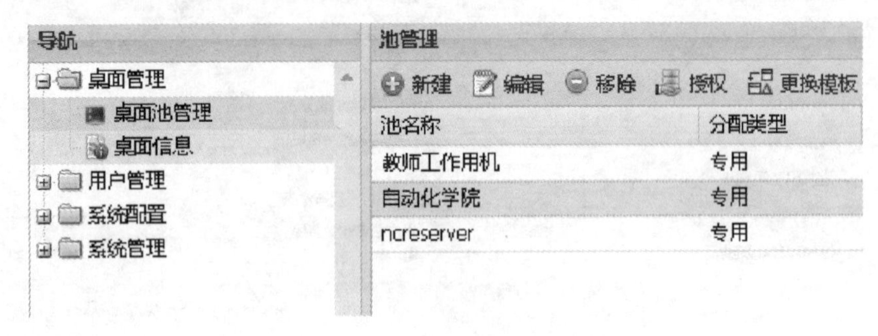

图 6-36　OVD 中桌面池授权管理界面

选择需要“授权”的虚拟机组，并单击“授权界面”，会出现如图 6-37 所示的“池授权”的对话框。

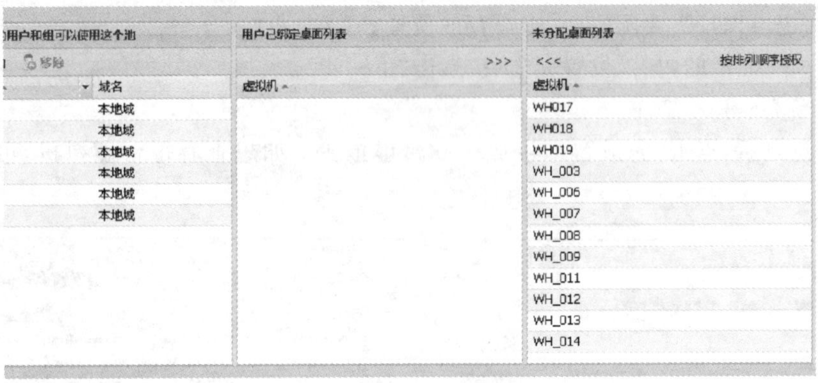

图 6-37　OVD 中桌面池授权对话框

“池授权”对话框中，共有 4 栏内容。

(1)已授权的用户和组可以使用这个池：这一栏里显示的是可以使用这个桌面池的用户，所有的用户，点击“添加”按钮，可以把相对应的用户添加进来。

(2)用户已绑定桌面列表：在第一栏中选中特定的用户，在第三栏中选择对应的虚拟机，点击第三栏中的“＜＜＜”图标，即可以实现选定用户与选定虚拟机的绑定。被绑定的桌面，会从第三栏转移到第二栏中显示。

(3)未分配桌面列表：这里显示的是还没有被授权的桌面。一旦桌面被授权，该桌面会转移到第二栏。如果被授权的桌面被解绑定(在第二栏中点击“＞＞＞”按钮)，被解除授权的桌面，会重新回到第三栏中显示。

(4)授权记录：记录桌面与用户的授权对应关系。

在 Thinputer 3.3 版本之后的系统，可以实现批量授权。比如：100 个用户为：st001，st002，…，st100。100 个虚拟机为：ST001，ST002，…，ST100。那么点击第三栏中的“按排列顺序授权”，可以直接把 100 个虚拟机授权给 100 个用户，其中：用户 st001 使用虚拟机 ST001，用户 st002 使用虚拟机 ST002，…，用户 st100 使用虚拟机 ST100。

当需要为一个用户分配多台虚拟机的时候，可以多建一组虚拟机，然后再次分配给改组用户即可，原理与上述过程一致。

如果要删除一个用户已经绑定的虚拟机，只需在虚拟机“授权”中，解除对该用户的授权即可。

第五节　更换升级模板

继续以中国地质大学(武汉)为例，在上述章节，我们已经创建了 100 个用户，并为 100 个用户分配了 100 个 Win 7 系统的虚拟机。接下来，我们要在 100 台虚拟上安装 Office 2013 系统。那么，整个过程，可以归纳为以下几步。

创建 Win 7＋Office 2013 的模板，该模板的创建，如本章第三节中“如何安装软件并保存模板”所述。

对桌面池进行“更换模板”操作：在如图 6－40 所示的桌面池授权管理界面中，点击“更换模板”按钮，即弹出如图 6－38 所示的“编辑：更换模板”的对话框，在“选择模板”栏中，选择“WPLSoft2017”模板即可。

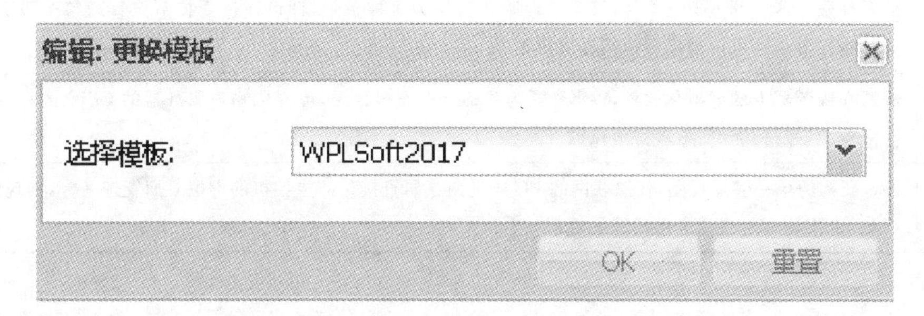

图 6－38　OVD 中桌面池更换模板对话框

更换模板需要注意的事项：

每台虚拟机更换模板大概需要的时间是 5 秒。100 台虚拟机的桌面池整体更换模板所需的时间约 500 秒。

模板更换之后，所有虚拟机上的个人数据会被清空，所以更换模板需要慎重进行。

规划一个合理的，优质的模板，对虚拟化系统而言非常重要。

将不同的应用场景，制作成不同的模板，可以非常方便地在不同模板之间进行切换，非常方便用户使用及管理员维护管理工作。

第七章 噢易桌面虚拟化系统使用指导

噢易公司多年专业于教育行业的机房管理和维护，了解学校的教学需求，研发了贴近教育行业噢易教育桌面云系统。该系统实现了桌面应用环境与终端设备的分离，用户的桌面环境集中部署于数据中心，在数据中心服务器上的虚拟机中运行。用户通过网络访问虚拟桌面，能够获得与使用本地 PC 机相同的效果。通过集中化管理方式，让管理员拥有比传统 PC 机更有效的控制和管理权限，并可以根据用户的实际应用场景，按需交付相应桌面。本章以中国地质大学(武汉)信息中心桌面云系统为例，介绍噢易桌面云系统的的客户端和后台管理，噢易管理平台涉及场景、桌面、模版、教室和角色等多方面的管理，内容庞杂。但对于一般的维护人员而言，用得最多的是桌面和模板管理，因此我们这里重点介绍桌面管理和模板管理。

噢易教育桌面云系统的产品主要有 3 个组件，分别是主控节点、计算节点和管理平台。其中主控节点是安装在服务器上的底层虚拟化操作系统。计算节点是服务器上的虚拟化软件。管理平台实现服务器虚拟化 IT 架构和虚拟化桌面的统一管理，详细内容见表 7－1。

表 7－1 产品组件信息

组件项	描述
主控节点	部署在服务器上的虚拟化软件，只需一台服务器作为主控节点，即可通过主控节点管理整个服务器集群。同时主控节点也可以创建虚拟机提供给用户
计算节点	部署在服务器上的虚拟化软件，以 KVM 为基础提供虚拟化层，虚拟化物理服务器的 CPU、内存、存储以及网络资源，并将其分配给多台虚拟机
管理平台	B/S 架构的单一管理视图，任意联网的 PC 通过浏览器直接访问主控机的虚拟桌面管理平台，实现服务器虚拟化 IT 架构以及虚拟桌面的统一管理

第一节 客户端登陆和配置

噢易客户端包含两种登录方式：个人桌面和教学桌面。噢易客户端配置完全后，连上服务器，开机后显示效果如图 7－1 所示，鼠标分别点击教学桌面和个人桌面，可以进入不同的系统。

在客户端登录界面点击“设置”链接，弹出输入配置密码验证文本框，如图 7－2 所示。

在文本框内输入有效的密码项，点击“确定”按钮，即可进入配置信息界面进行修改，如图 7－3 所示。

如图 7－1 所示，点击“关机”，终端机器将会关机；点击“重启”，终端机器将会重启。如果服务器上有新的客户端的升级包，按照版本号高低检测后，客户端登陆会提示是否升级，如图 7－4 所示。

点击“确定”按钮后，开始执行升级程序，如图 7－5 所示。

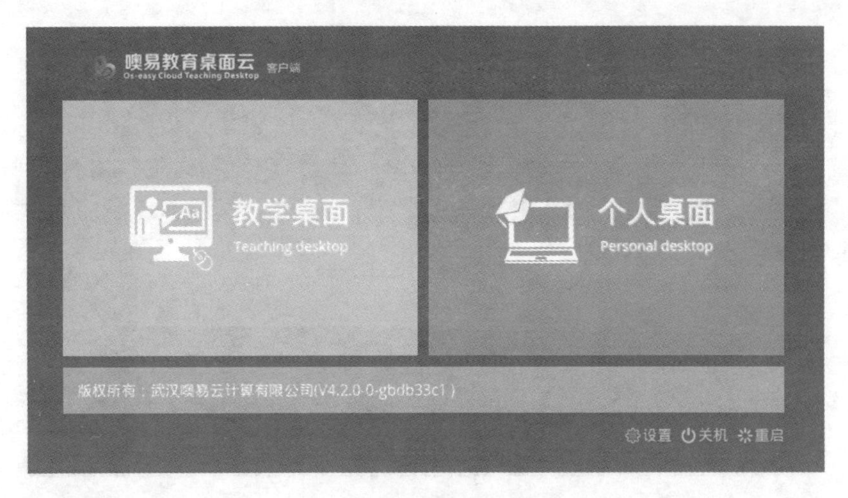

图 7-1　客户端登陆界面

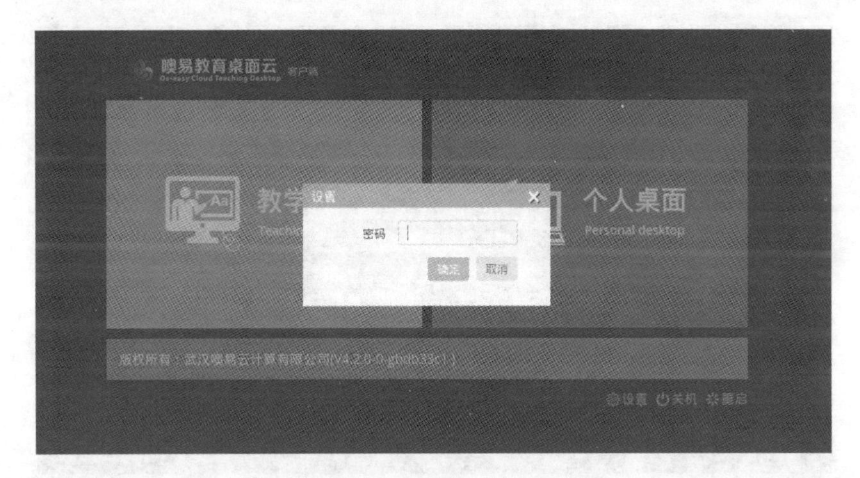

图 7-2　密码设置

图 7-3　客户端网络配置

图 7-4　客户端升级

图 7-5　客户端升级

升级完毕后自动重启客户端即时生效。

第二节　场景的创建和管理

噢易教育桌面云分成教学桌面和个人桌面两类不同桌面，桌面管理包括桌面的新增、查找、激活、桌面开机、场景桌面关机，开机加速、修改场景及删除基本功能的操作，表 7-2 和表 7-3 显示两类桌面的功能和区别。

表 7-2　桌面功能列表

功能项(桌面管理)	子功能
教学桌面	对教学场景管理应用，以及各场景下的教学桌面的开机、关机、重启、暂停、恢复、查看桌面、查找基本功能的操作
个人桌面	对桌面基本功能及修改桌面、动态迁移、存模板、快照功能实施

表 7-3　桌面区别

<table>
<tr><th>功能项</th><th>相同点</th><th>不同点</th></tr>
<tr><td>教学桌面</td><td rowspan="2">根据系统模板创建、硬件模板可自定义设置、供客户端使用</td><td>有还原性，场景是激活状态桌面才能使用，绑定教室进行上课使用，可通过系统模板进行更新</td></tr>
<tr><td>个人桌面</td><td>无还原性，绑定用户，可创建快照，动态迁移，另存为模板</td></tr>
</table>

一、场景的创建

通过点击“管理平台”—“桌面”—“教学桌面”，进入教学场景列表界面。

(1)在教学场景界面点击左上方“新增”按钮，跳转到新增教学场景界面，填写基本信息，如图 7-6 所示。

(2)基本信息填完后，选择下一步，选择模板，对于教学模板，先选择一个系统类型，然后就可以选择该类型下的系统了，对于硬件模板，页面会列出所选模板的硬件信息，如图 7-7 所示。

图 7-6　新建场景

图 7-7　选择模板

(3)选择完模板后，点击“下一步”，进入硬件配置页面。若所选的硬件模板有数据盘，则硬件配置页面可以选择系统盘的还原方式(默认选择不还原)和数据盘的清除方式(默认选择不清除)，若所选的硬件模板无数据盘，则硬件配置页面只能选择系统盘的还原方式。默认不勾选“允许 USB”，“启用全局 HA”复选框默认置灰，如图 7-8 所示。

图 7-8　虚拟硬件信息

系统盘还原若选择“每次还原”，则激活“启用全局 HA”复选框，勾选后可选择“优先启用 HA 服务器”，如图 7 - 9 所示。

(4)点击“下一步”，进入使用配置页面，如果不勾选“高级”，只需配置计算机名，如图 7 - 10 所示。

(5)如果勾选了“高级”，则可以配置计算机名、配置用户名和勾选等，如图 7 - 11 所示。

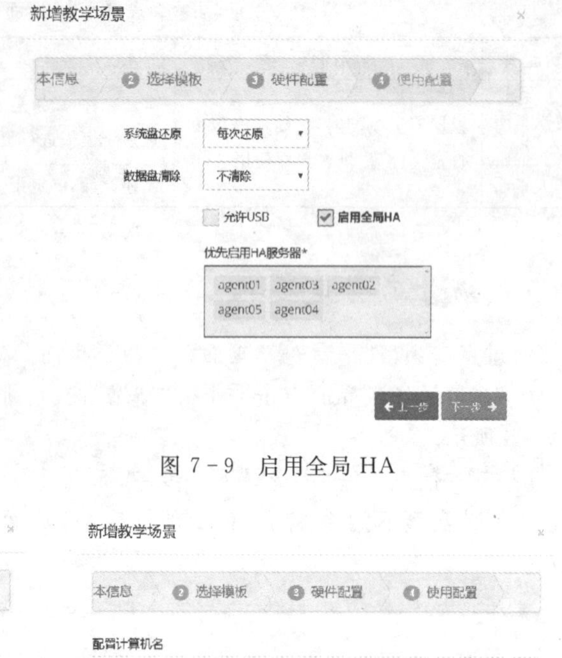

图 7 - 9　启用全局 HA

二、场景的管理

1. 激活/关闭场景

只有教学场景是激活状态，其下的桌面才可被连接使用。教学场景界面，列表信息栏处会显示出与当前场景状态相反的功能按钮，例如“ON”“OFF”，手动点击执行如图 7 - 12 所示。

图 7 - 10　使用配置(不勾选“高级”)

图 7 - 11　使用配置(勾选“高级”)

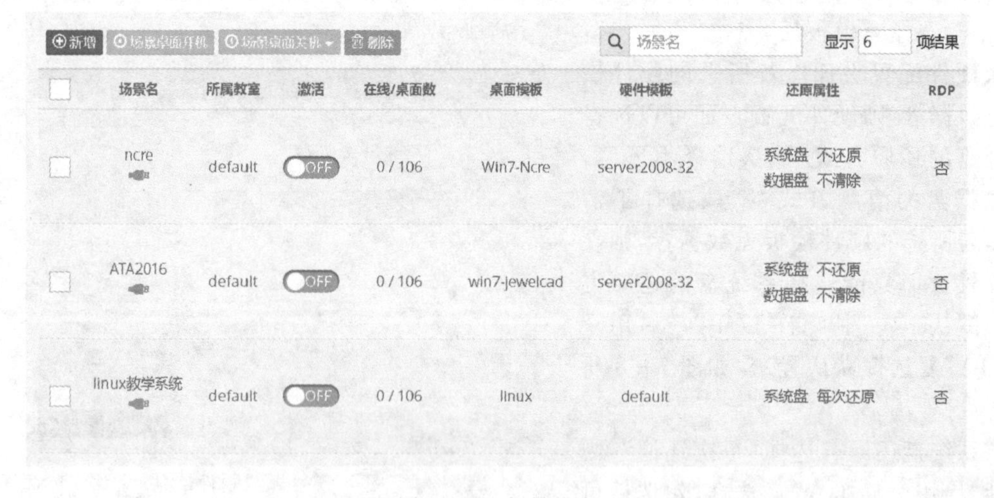

图 7 - 12　场景状态

2. 场景开机

教学场景界面，列表处选择一项或多项场景信息，手动点击“场景桌面开机”的功能按钮，执行如图 7－13 所示。

⊕新增　⊙场景桌面开机　⊙场景桌面关机▾　🗑删除

☐	场景名	所属教室	激活	在线/桌面数	桌面模板
☐	ncre	default	OFF	0/106	Win7-Ncre
☐	ATA2016	default	OFF	0/106	win7-jewelcad
☐	linux教学系统	default	OFF	0/106	linux
☑	win7-教学	default	ON	1/106	win7-education

图 7－13　场景桌面开机

3. 场景关机

(1)教学场景界面，列表处选择一项或多项场景信息，点击“场景桌面关机”功能按钮，选择执行方式，例如“自然关机”(图 7－14)，其场景下所有虚拟机均关机。

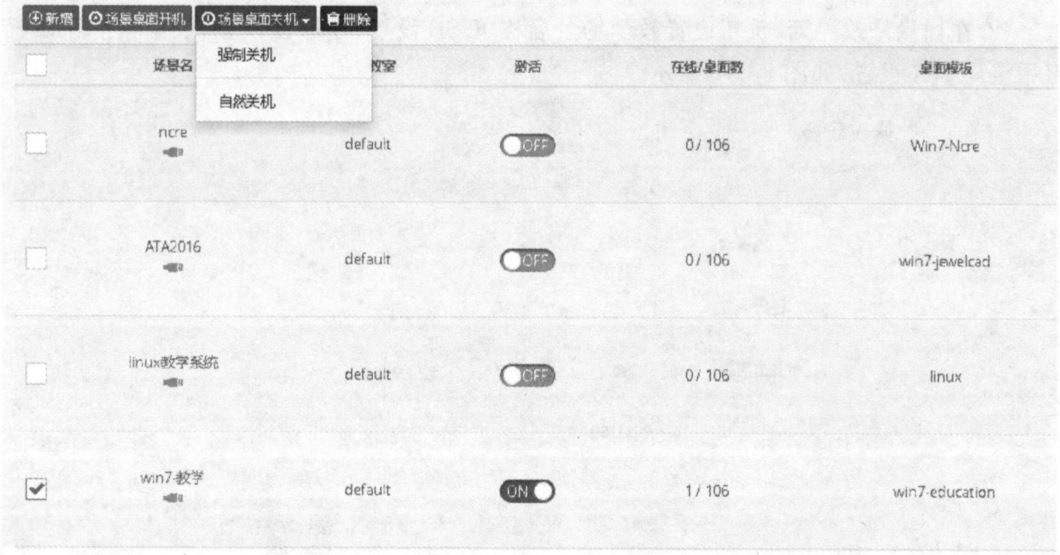

⊕新增　⊙场景桌面开机　⊙场景桌面关机▾　🗑删除

强制关机

自然关机

☐	场景名	所属教室	激活	在线/桌面数	桌面模板
☐	ncre	default	OFF	0/106	Win7-Ncre
☐	ATA2016	default	OFF	0/106	win7-jewelcad
☐	linux教学系统	default	OFF	0/106	linux
☑	win7-教学	default	ON	1/106	win7-education

图 7－14　场景桌面关机

4. 修改场景

场景修改功能是针对创建场景时所写入的相关信息进行修改，例如教学场景名称、还原设置、USB 使用，若当前场景下有桌面处于开机状态，则仅只能修改场景名称。

(1)教学场景界面列表处，选择一个场景，鼠标右键单击，选择“修改场景”，此时会弹出“场景修改”窗口，如图 7－15 所示。

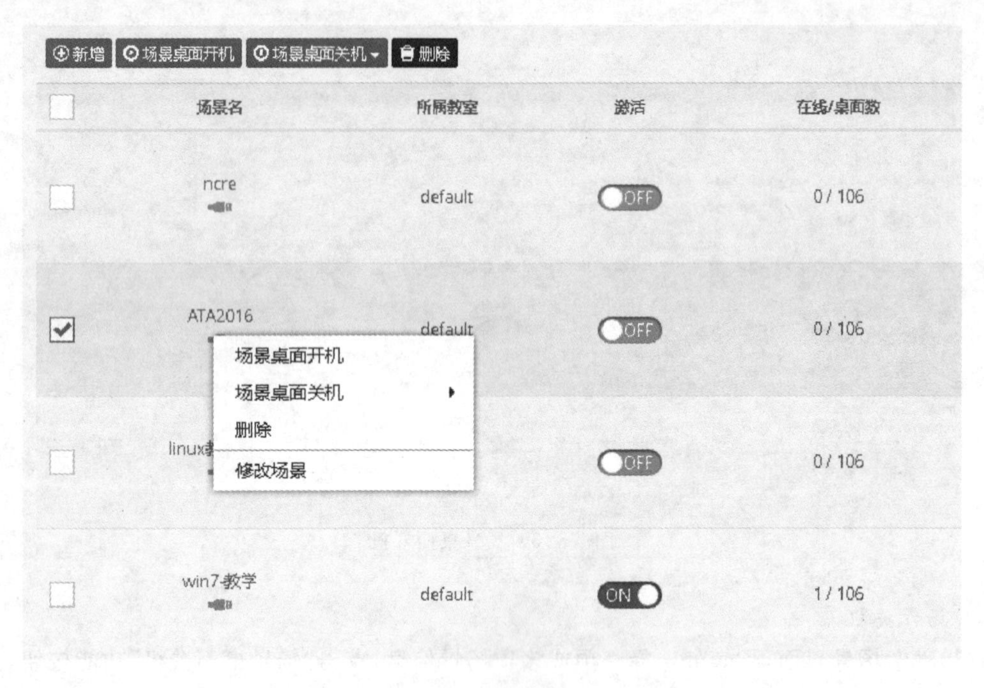

图 7－15 修改场景

(2)在场景修改界面，重新设置教学场景名称、USB 设置、还原性设置、数据盘清除设置、启用全局 HA 设置，如图 7－16 所示。

图 7－16 修改信息

(3)选择一个场景,鼠标右键单击,此时会出现一个列表,列表上的功能都可以实现。

5. 搜索场景

在教学场景列表界面,搜索文本框中输入有效字符,即可查找出相关匹配信息,如图 7 - 17 所示。

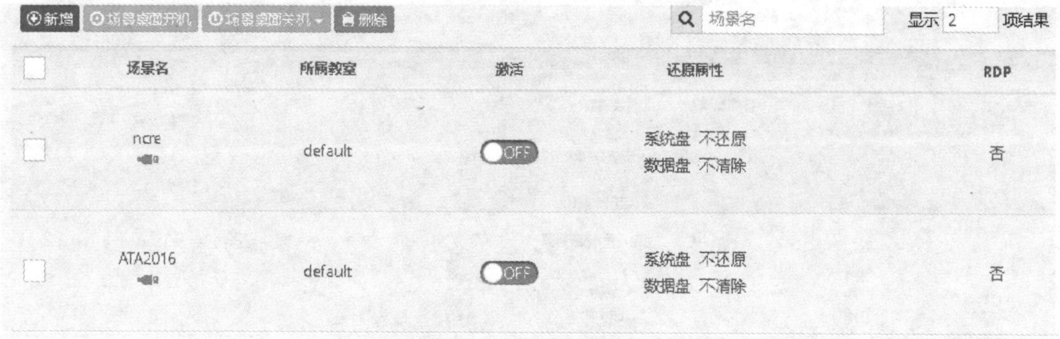

图 7 - 17　搜索信息

6. 修改场景

场景修改功能是针对创建场景时所写入的相关信息进行修改,例如教学场景名称、还原设置、USB 使用,若当前场景下有桌面处于开机状态,则仅只能修改场景名称。

(1)教学场景界面列表处,选择一个场景,鼠标右键单击,选择“修改场景”,此时会弹出“场景修改”窗口,如图 7 - 18 所示。

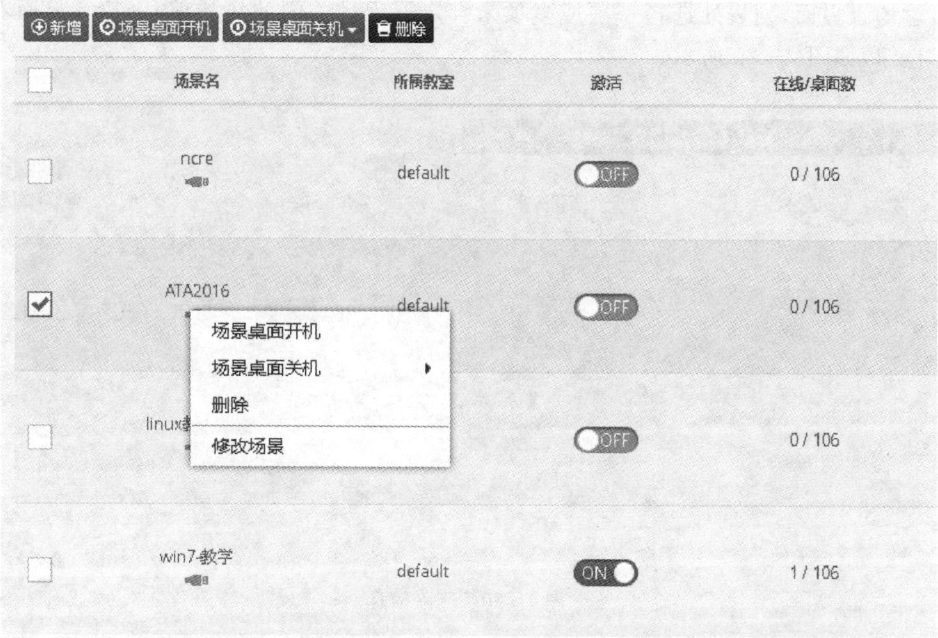

图 7 - 18　修改场景

(2)在场景修改界面,重新设置教学场景名称、USB 设置、还原性设置、数据盘清除设置、启用全局 HA 设置，如图 7－19 所示。

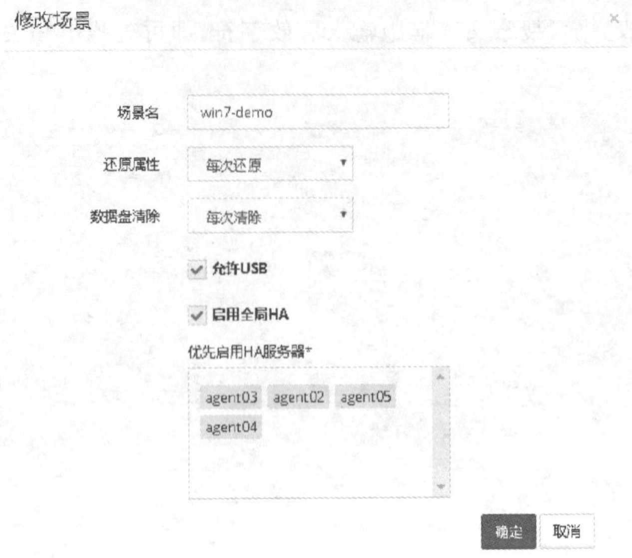

图 7－19　修改信息

（3）选择一个场景，鼠标右键单击，此时会出现一个列表，列表上的功能都可以实现。

7. 删除场景

教学场景界面，列表处选择一项或多项未绑定课程且关闭的场景信息，执行界面右上方“删除”按钮，如图 7－20 所示。

图 7－20　删除信息

注意：删除教学场景的同时其教学桌面亦被同步删除，若当前有终端正连接桌面，则会中断其运行。在删除场景前，要确保该场景没有关联课表，并且该场景要处于关闭的状态，否则不能删除成功。

8. 访问教学桌面

教学场景管理界面，鼠标置于场景信息栏，点击场景名称链接，跳转到该场景下的“教学桌面”界面，如图 7－21 所示。

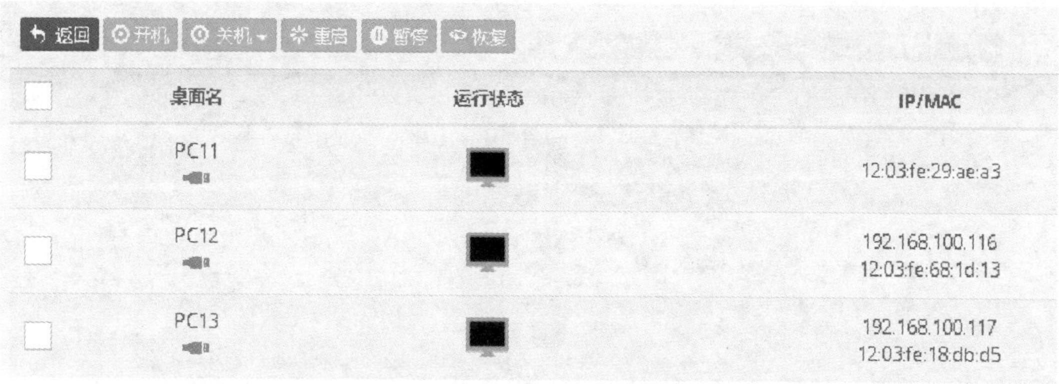

返回
开机
关机
重启
暂停
恢复
桌面名
运行状态
IP/MAC
PC11
12:03:fe:29:ae:a3
PC12
192.168.100.116
12:03:fe:68:1d:13
PC13
192.168.100.117
12:03:fe:18:db:d5

图 7－21 访问教学桌面

第三节 桌面的创建和管理

一、教学桌面

通过教学场景链接项进入其下“教学桌面”界面后，点击左上方的“返回”按钮，页面跳转到教学场景的管理界面，如图 7－22 所示。

桌面 / 教学桌面
选择教室：
所有教室
742个桌面，其中 1个， 741个
新增
场景桌面开机
场景桌面关机
删除
场景名
所属教室
激活
在线/桌面数
ncre
default
OFF
0/106
ATA2016
default
OFF
0/106
linux教学系统
default
OFF
0/106
显示1到3，共7项

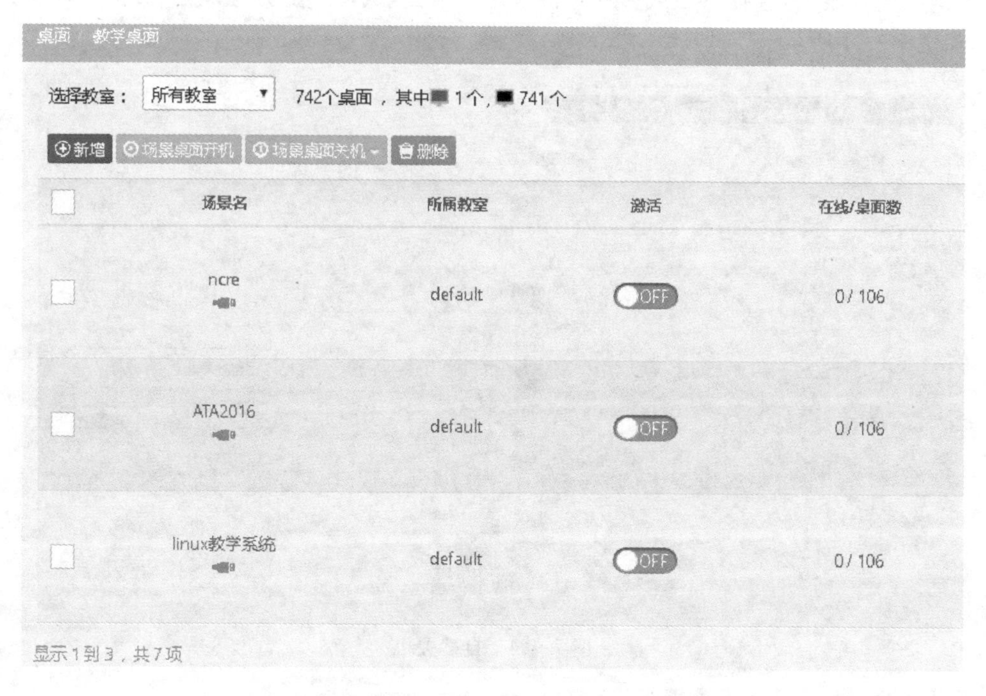

图 7－22 返回教学场景

1. 开机

教学桌面列表处，选择一项或多项关闭状态的桌面，执行左上方功能栏“开机”按钮，如图 7-23 所示。

返回　开机　关机　重启　暂停　恢复

	桌面名	运行状态	IP/MAC
	PC21	0天0小时20分	192.168.100.125 12:03:fe:64:95:c9
	PC22	0天0小时20分	12:03:fe:44:85:c0
	PC23	0天0小时20分	12:03:fe:79:50:e6
	PC24	0天0小时20分	12:03:fe:52:4b:df

图 7-23　桌面开机

注意：当桌面处于被接入状态时，管理平台仍可执行开机功能。

2. 关机

1)第一种：自然关机

教学桌面列表处，选择一项或多项开机状态的桌面，执行左上方功能栏“关机—自然关机”按钮，如图 7-24 所示。

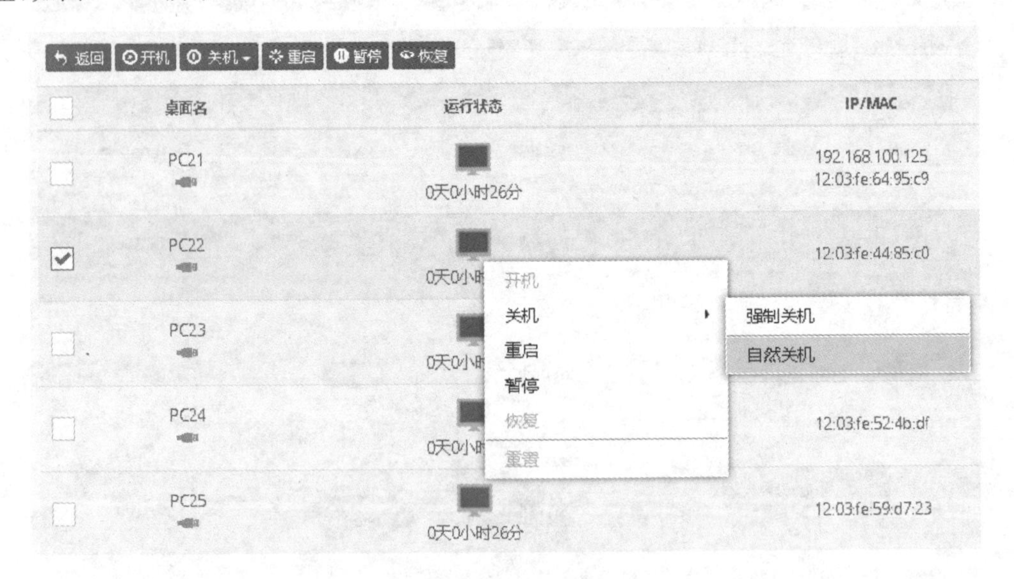

图 7-24　自然关机

注意：当桌面处于被接入状态时，自然关机会将其会话中断。

2)第二种:强制关机

教学桌面列表处,选择一项或多项开机状态的桌面,执行左上方功能栏"关机—强制关机"按钮,如图 7-25 所示。

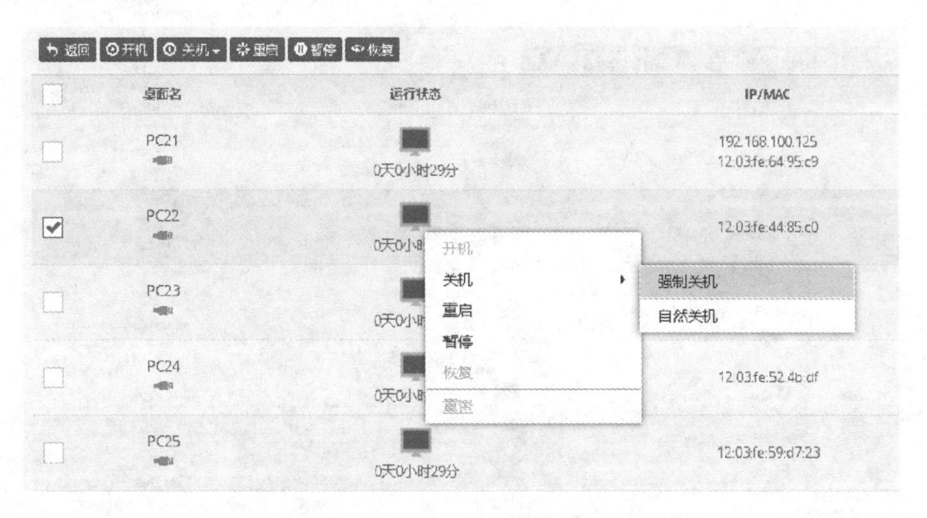

图 7-25　强制关机

注意:当桌面处于被接入状态时,强制关机会将其会话中断,下次开机 Windows 启动界面出现修复项。

3. 重启

教学桌面列表处,选择一项或多项开机状态的桌面,执行左上方功能栏"重启"按钮,如图 7-26 所示。

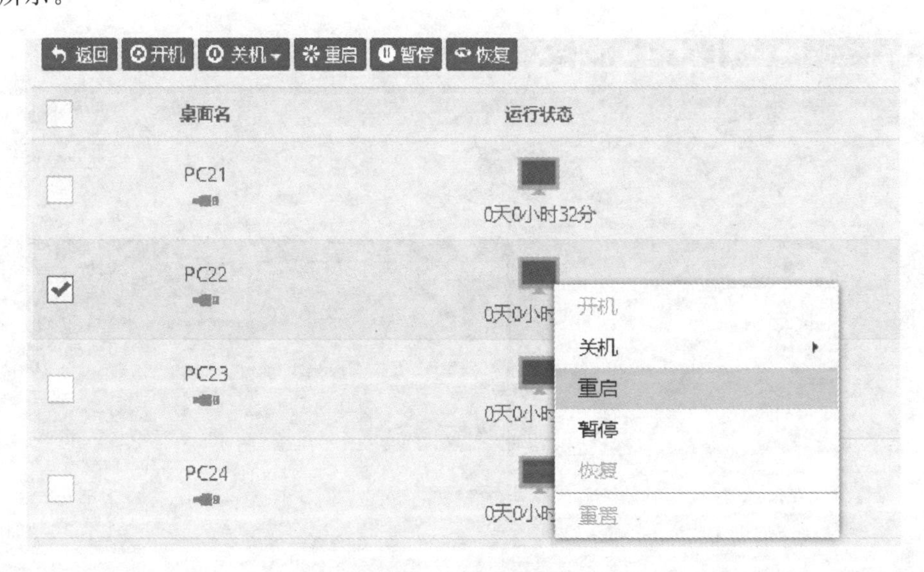

图 7-26　桌面重启

注意:当桌面处于被接入状态时,执行重启当前桌面关机连接中断,无法达到再次进入操作系统的效果。

4. 暂停

教学桌面列表处，选择一项或多项开机状态的桌面，执行左上方功能栏“暂停”按钮，如图7-27所示。

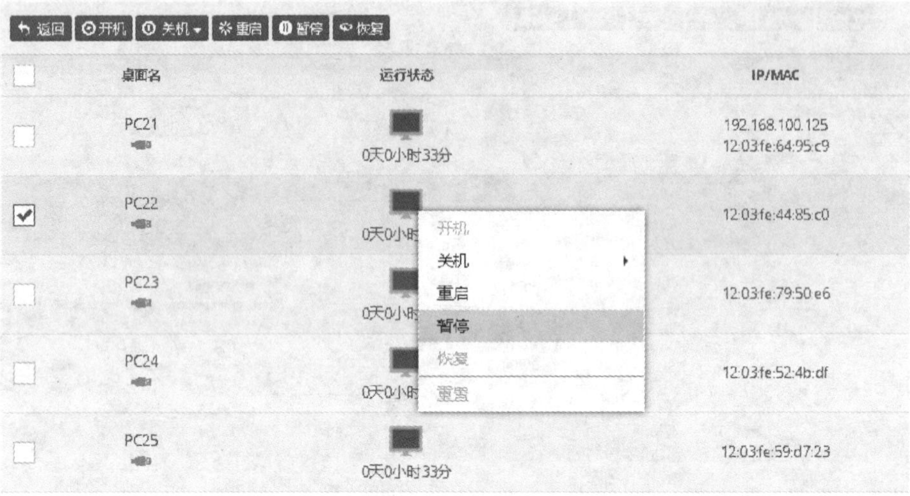

图7-27　暂停桌面

注意：当桌面处于被接入状态时，执行暂停功能则当前桌面显示为不可写入。

5. 恢复

教学桌面列表处，选择一项或多项暂停状态的桌面，执行左上方功能栏“恢复”按钮，如图7-28所示。

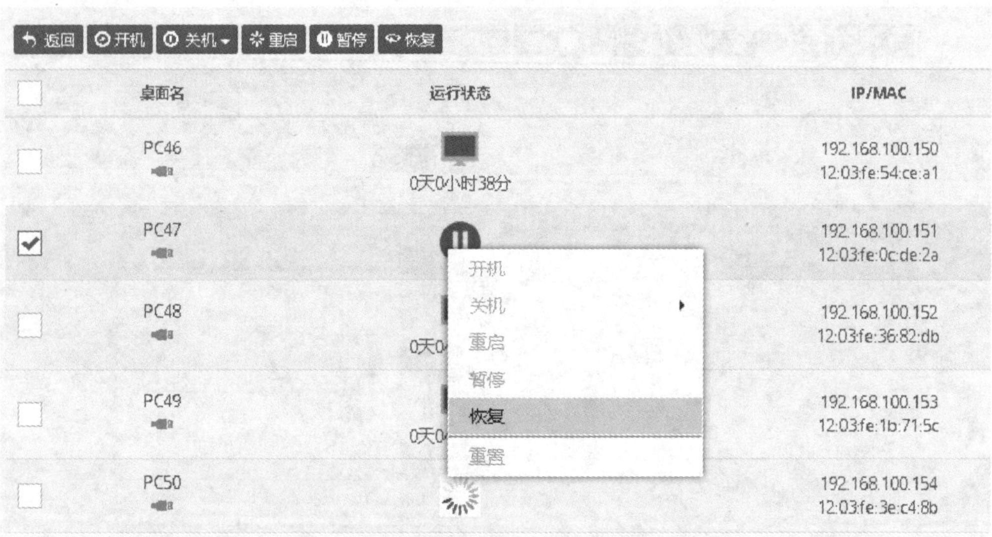

图7-28　恢复状态

注意：执行恢复功能时终端连接桌面的状态为挂起，当恢复之后又可写入，且在列表处此桌面的状态图标同步显示为运行亮起。

6. 重置

教学桌面列表处，选择一个桌面，鼠标点击右键，列表中有“重置”功能，如图 7－29 所示。

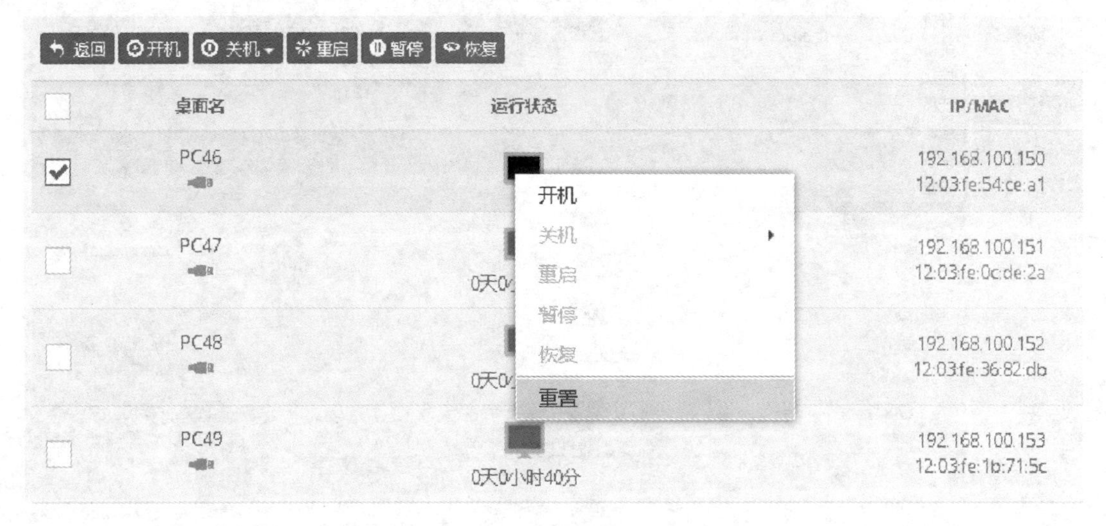

图 7－29　重置桌面

注意：重置只能对已关机状态的桌面操作。

7. 查看桌面

(1)教学桌面列表处，选择一项或多项开机状态的桌面，鼠标点击右键，会出现一个列表，选择“查看桌面”，如图 7－30 所示。

返回　开机　关机　重启　暂停　恢复

桌面名	运行状态	宿主机	查看桌面
PC46	0天0小时1分	192.168.100.251	查看桌面
PC47	0天0小时43分	192.168.100.248	查看桌面
PC48	0天0小时43分	192.168.100.249	查看桌面
PC49	0天0小时43分	192.168.100.253	查看桌面
PC50		192.168.100.252	查看桌面

图 7－30　查看桌面

注意：若当前桌面处于被连接状态，查看桌面时即显示操作系统桌面的使用情况。

(2)列表中的其他功能，都可以正常使用。

8. 选择运行状态

教学桌面左上方处，选择一个运行状态，在教学桌面列表处就会列出该场景下所有的该状态的桌面，一共有 7 种运行状态，如图 7－31 所示。

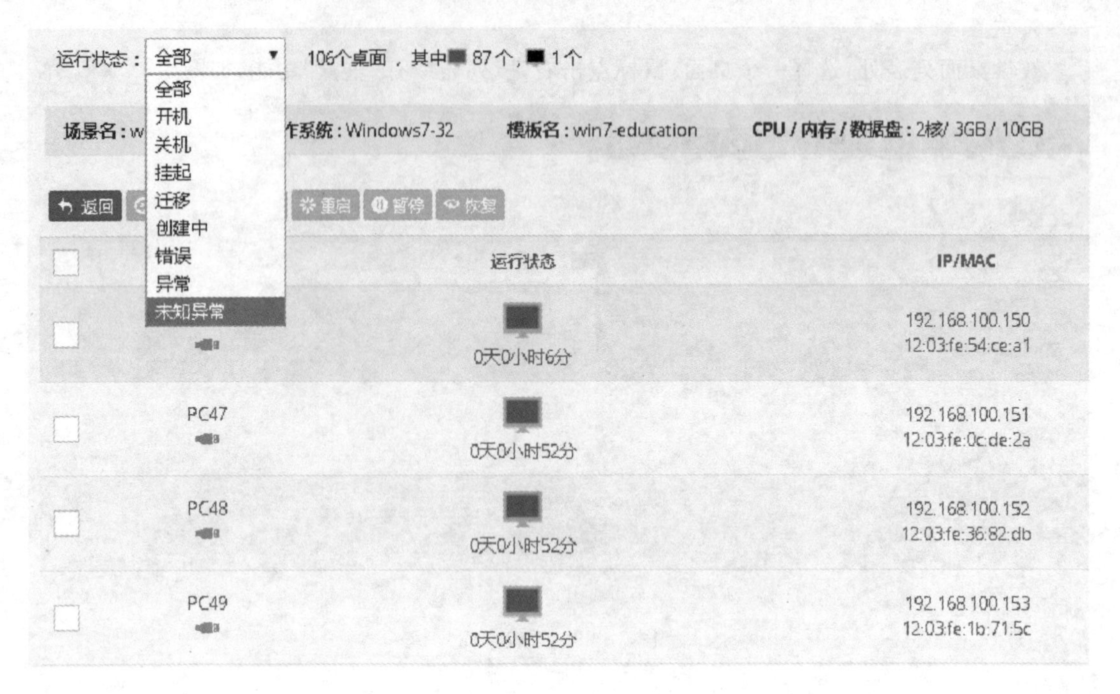

图 7－31　运行状态

9. 搜索教学桌面

在教学桌面列表界面，搜索文本框中输入有效字符，即可查找出相关匹配信息，如图 7－32 所示。

图 7－32　搜索教学桌面

二、个人桌面的创建

1. 新建个人桌面

个人桌面是根据个人模板进行创建，在客户端登录连接个人桌面时无还原设置，故在使用过程中请注意数据的保存，且个人桌面可在任何一台终端登录使用，总共分为 5 个步骤，具体详情请参见下方。

1)写入基本信息

在个人桌面列表处执行上方“新增”功能项，弹出“新建个人桌面”窗口，在新建向导写入所要创建桌面的基本信息，如图 7－33 所示。

图 7－33　基本信息

说明：若系统使用的是 VLAN 网络，需要注意以下几点。

(1)添加和删除 VLAN 网络在服务器重启后生效。

(2)不同的 VLAN 网络不支持存在相同的网段。

(3)控制节点和计算节点上虚拟机，使用同一 VLAN 网络，虚拟机之间可通信；不同 VLAN 网络间虚拟机不可通信。

(4)添加的 VLAN ID 未在物理 VLAN 交换机上配置，则使用此 VLAN 内 IP 的虚拟机之间均不可互相访问

2)安装系统

新建向导第 2 步界面，选择从模板安装，根据制作模板时保存的相关信息，可根据操作系统的分类自定义选择所要创建桌面类型，如图 7－34 所示。

3)配置虚拟硬件

新建向导第 3 步界面，为系统合理分配硬件及是否支持 USB 重定向信息，其中“硬盘”项为数据盘，如图 7－35 所示。

4)绑定用户

所选择的用户身份即为管理平台处管理员/普通用户，在选择框中将全部显示以供对应绑定，如图 7－36 所示。

图 7-34　安装系统

图 7-35　虚拟硬件信息

完全匹配:创建桌面数=选择的用户数,用户与桌面之间是一一匹配规则。

循环匹配:创建桌面数>选择的用户数,用户与桌面之间是一对多的匹配规则。

5)查看桌面

确认添加后,会直接跳转到个人桌面界面显示对应信息,看到刚才新建的桌面,如图 7-37 所示。

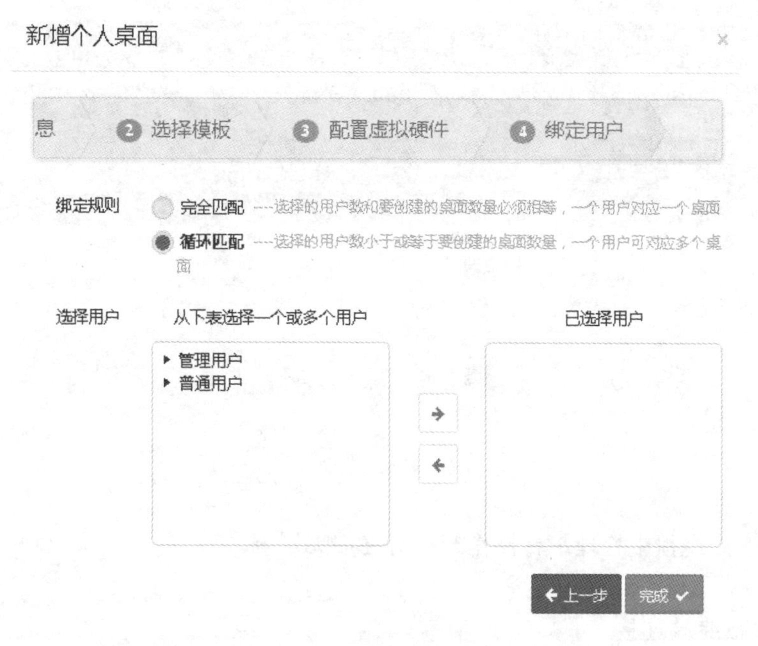

图 7－36　绑定用户

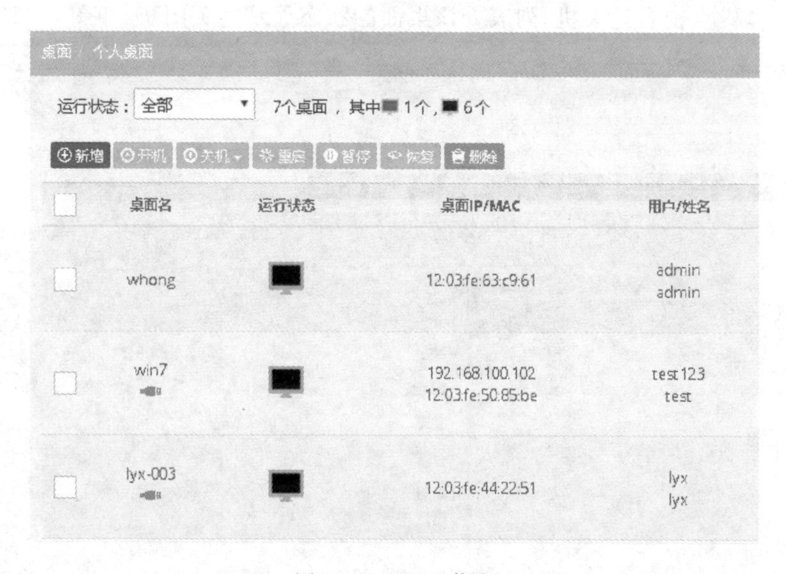

图 7－37　显示信息

2. 开机

1)桌面未被终端连接

在个人桌面列表处，选择一个运行或关闭状态的桌面，执行功能栏“开机”项，或者选择单个虚拟机点击右键开机，待进度读取完毕后，列表处该桌面的状态显示为运行亮起，如图 7－38 所示。

2)终端连接桌面

当管理员在执行开机功能时，终端第一次连接到对应桌面时，系统已经启动直接进入到初

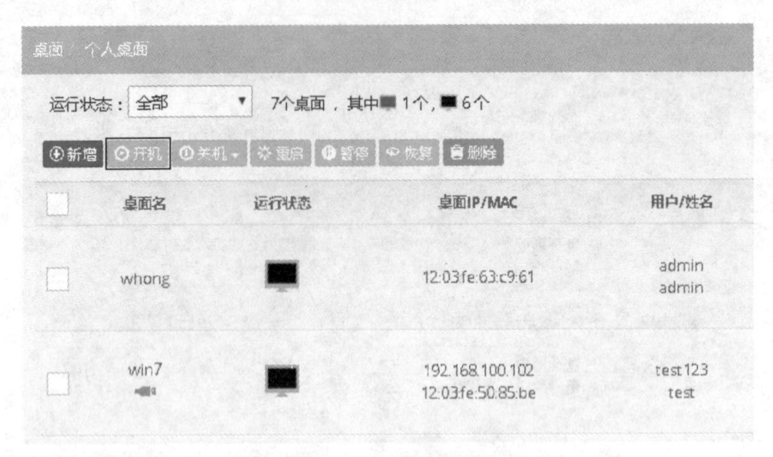

图 7-38　桌面开机

始界面，而在连接过程中管理平台操作开机对终端无影响。

3. 关机

1）桌面未被终端连接

在个人桌面列表处，选择一个运行或关闭状态的桌面，执行功能栏“自然/强制关机”项或者选择单个虚拟机点击右键关机，列表处该桌面的状态显示为关闭灰，如图 7-39 所示。

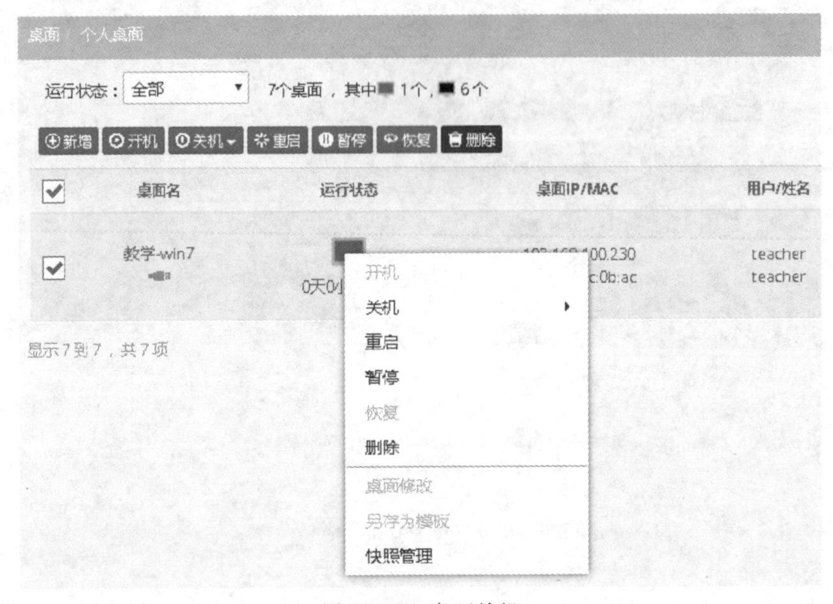

图 7-39　桌面关机

2）终端连接桌面

当管理员在执行自然/强制关机功能时，系统关机会话中断。

4. 重启

个人桌面列表处，选择一个或多个运行/关闭状态的桌面，执行上方功能栏“重启”按钮或者选择单个虚拟机点击右键重启，如图 7-40 所示。

图 7-40 重启桌面

注意：当桌面处于被接入状态时，执行重启当前桌面关机连接中断，无法达到再次进入操作系统的效果。

5. 暂停

个人桌面列表处，选择一个或多个运行状态的桌面，执行上方功能栏“暂停”按钮或者选择单个虚拟机点击右键暂停，如图 7-41 所示。

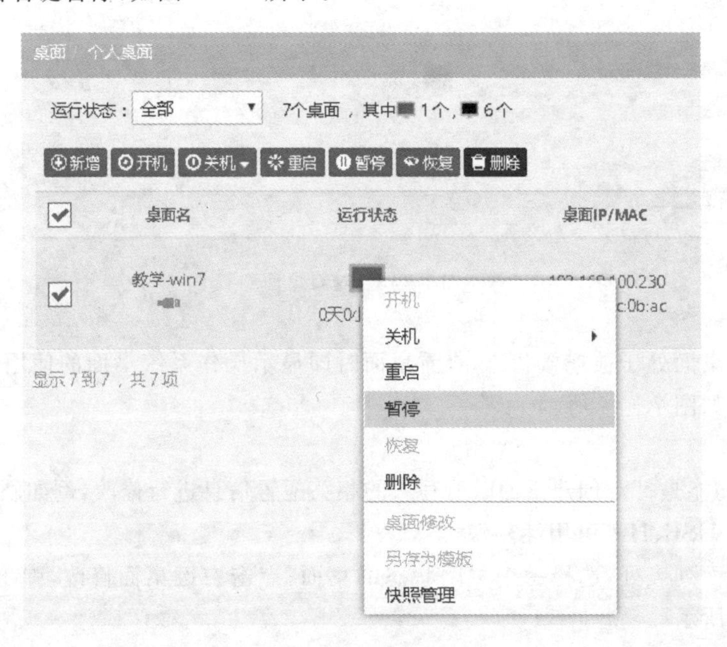

图 7-41 暂停桌面

注意：当桌面处于终端连接状态时，执行暂停当前系统处于不可写入状态。

6. 恢复

个人桌面列表处，选择一个或多个暂停状态的桌面，执行上方功能栏“恢复”按钮右键恢复，列表处挂起的桌面呈运行状态，如图 7－42 所示。

图 7－42　恢复桌面

7. 查看桌面

(1)个人桌面列表处，选择一个运行状态的桌面，点击“查看桌面”连接，只有开机状态的桌面，查看桌面功能可用，如图 7－43 所示。

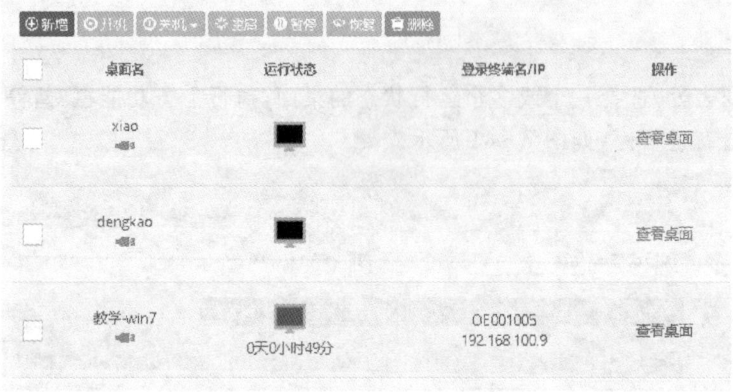

图 7－43　查看桌面

(2)若当前桌面处于被连接状态，查看桌面时即显示操作系统桌面的使用情况，查看桌面页面不可操作，如图 7－44 所示。

8. 桌面修改

桌面修改功能是针对创建桌面时所写入的相关配置信息进行修改，例如硬件环境、绑定用户，并重新设置 USB、HA 可用性。

(1)个人桌面列表处，选择一个关闭状态的桌面，点击右键桌面修改，弹出“修改桌面”窗口，如图 7－45 所示。

(2)在修改桌面界面，重新设置桌面名、用户、IP、硬件信息、USB，操作如图 7－46 所示。

9. 保存模板

保存模板功能只能由关机状态下的个人桌面进行保存，若未安装操作系统不可保存。操

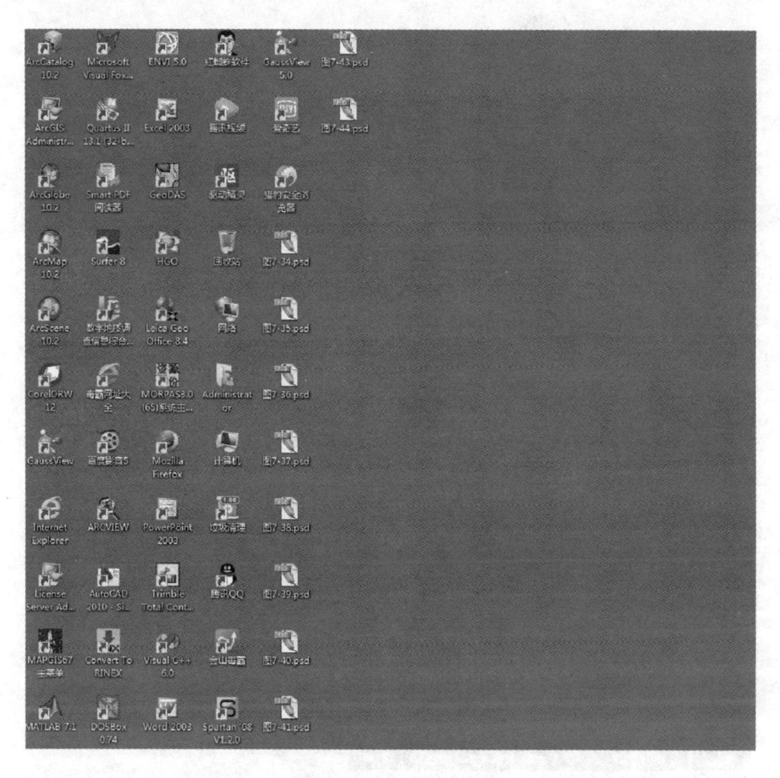

图 7－44　桌面显示

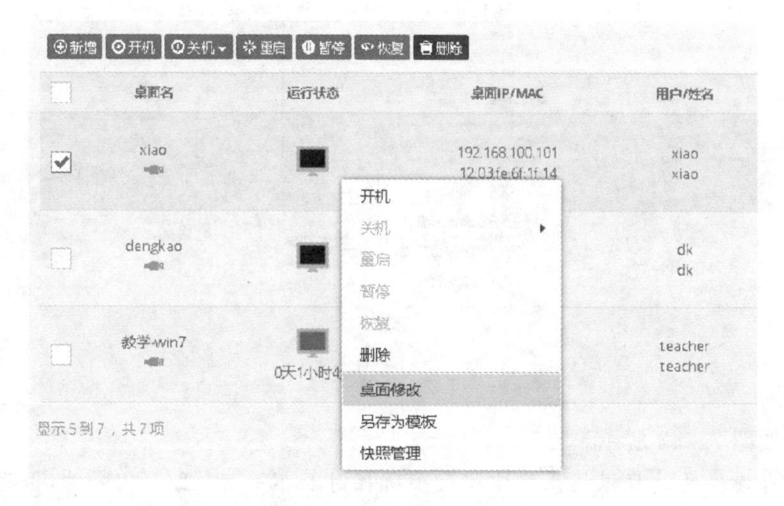

图 7－45　进入修改页面

作步骤如下。

(1)个人桌面列表处，选择一个关闭状态的桌面，鼠标右键执行列表中“另存为模板”项，如图 7－47 所示。

(2)另存为模板界面选择对应的模板名称、模板类型(个人模板或者教学模板)、所有人等信息，点击“确定”按钮提交信息，待保存进度完毕之后，直接跳转到桌面模板界面并显示模板

图 7－46　修改信息

图 7－47　存模板

的相关信息，如图 7－48 所示。

注意：保存模板的过程根据系统空间大小所耗时长不一致，至少 2 分钟，保存过程中请勿做其他操作，耐心等待。

10. 快照管理

桌面在执行新增快照的过程中，其状态自动从运行—关机—运行切换，执行完毕后于快照管理界面查看已生成的快照信息。

1)新增快照

(1)个人桌面列表处，选择一个运行状态的桌面，点击右键快照管理，弹出“快照管理”界面，如图 7－49 所示。

图 7-48 存为模板

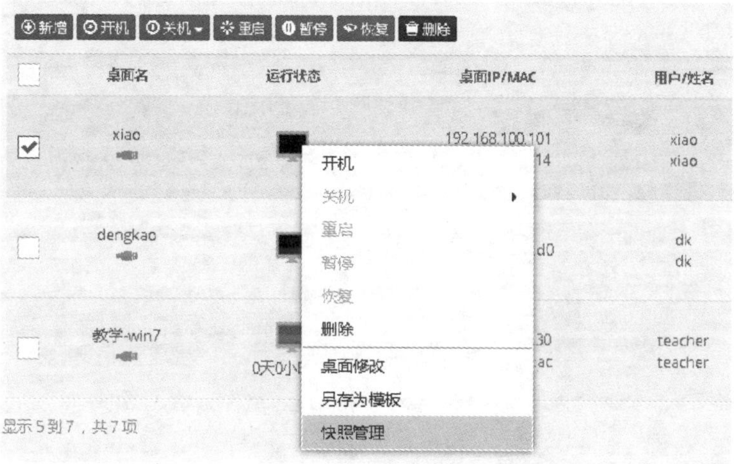

图 7-49 快照实施

(2)在快照界面,执行左上方“新增快照”功能,快照界面新增一行,写入快照描述信息,执行“确定”按钮,如图 7-50 所示,即可对当前桌面的运行状态进行快照,以便后期系统环境损坏时进行还原。

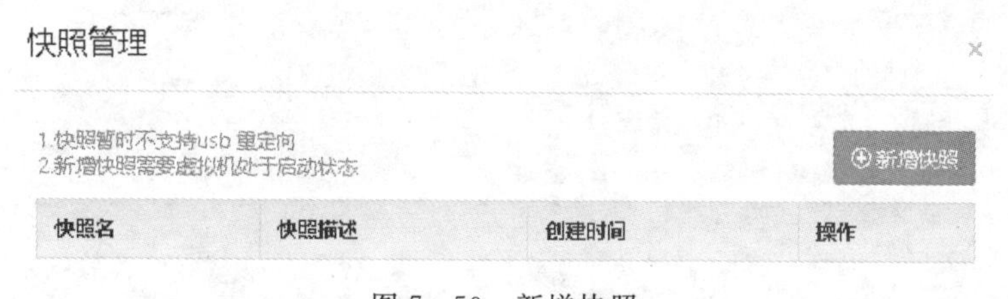

图 7-50 新增快照

注意:快照暂时不支持 USB 重定向。

2)恢复快照

在快照界面,列表处会罗列出所有创建了快照的基本信息,执行列表操作栏处“恢复”功能,即可将其桌面还原到最初设置快照的系统环境。

注意:恢复快照涉及到两种环境之间的转换,请保存好数据。

3)删除快照

在快照界面，执行列表操作栏处“删除”功能，即可删掉所创建的快照信息，不会对当前状态造成影响。

11. 搜索桌面

个人桌面列表右上方，在搜索栏文本框中输入有效字符，列表处会直接显示相关信息，如图 7－51 所示。

桌面名　显示 4 项结果

宿主机	登录终端名/IP	操作
192.168.100.253		查看桌面
192.168.100.249		查看桌面
192.168.100.249		查看桌面
192.168.100.249		查看桌面

图 7－51　搜索信息

12. 删除桌面

个人桌面列表处，选择一个或多个桌面，执行操作栏“删除”功能，或者选择单个虚拟机点击右键删除，列表处无对应信息，如图 7－52 所示。

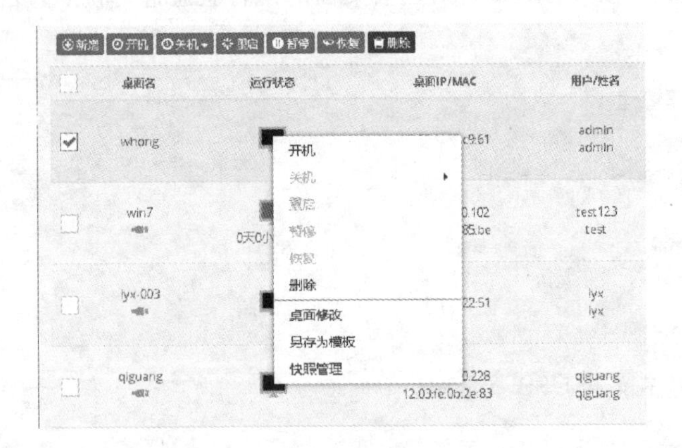

图 7－52　删除桌面

注意：删除或关闭个人场景时会中断所有正在运行的桌面。

第四节　模板的创建和管理

一、硬件模板

1. 新建硬件模板

(1)硬件模板界面，执行左上方操作栏“新建”项，弹出新建硬件模板窗口，对硬件信息与所创建的模板进行绑定，如图 7－53 所示。

图 7－53　新建硬件模板

(2)在新建硬件模板界面，按照需求填写硬件模板名称，选择具体 CPU、内存、硬盘数据。

2. 删除

前提条件：当前选择删除的硬件模板没关联教学模板及桌面。

于硬件模板列表处选择一个或多个硬件信息，执行左上方操作栏“删除”功能，如果该硬件模板关联了教学模板，那么该硬件模板不能删除，如图 7－54 所示。

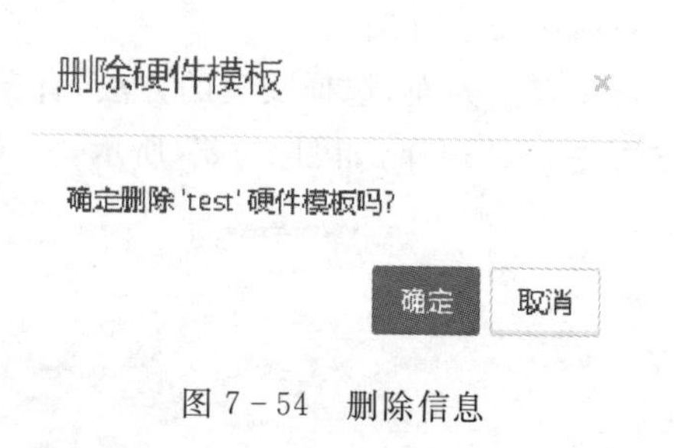

图 7－54　删除信息

二、教学模板

教学模板 SCP 模式是将模板文件通过 SCP 命令复制到计算节点服务器，主控节点服务器会主动传输模板文件。SCP 模式的教学模板下主要包含 7 个功能块，制作模板、编辑模板、模板另存为、更新桌面、下载模板、删除模板、注册模板。

1. 制作模板

制作模板时管理平台需先上传对应的系统镜像，并且要先制作好硬件模板。制作时走正常安装系统流程故耗时较长时间，具体操作详情请参见下方步骤。

1)填写基本信息

在模板—教学模板界面，点击左上方“新增”按钮，弹出新建教学模板向导界面。按要求填写模板名称，选择模板所有人，点击“下一步”配置硬件，如图7－55所示。

图7－55　基本信息

2)配置硬件

配置硬件界面，选择已经制作好的硬件模板，此时界面上会显示该硬件模板的处理器、内存、系统盘(C盘)信息，如图7－56所示。

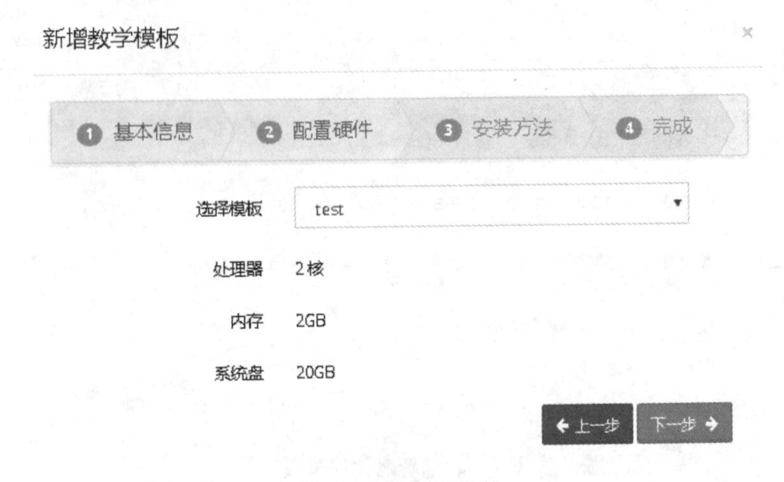

图7－56　配置硬件

3)选择安装方法

安装方法界面，选择安装的方法，有自动安装和手动安装两种，选择一种安装方法和适合该方法的ISO选择，如图7－57所示。

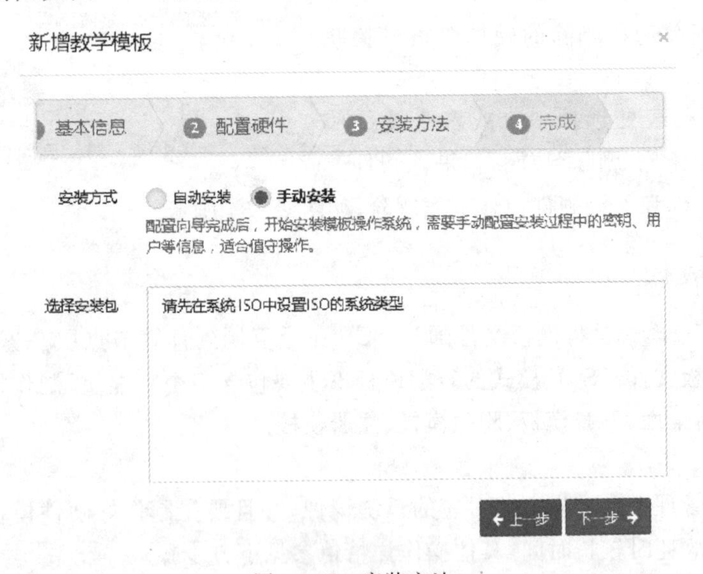

图7－57　安装方法

如果选择自动安装，在配置 Windows 详情页面时，按要求填写 Windows 产品密钥、选择要装的 Windows 版本，填写用户名和密码，也可以不填用户名和密码，如图 7－58 所示。

图 7－58　Windows 配置

4）安装系统

（1）如果选择手动安装，创建模板成功，页面会跳转到教学模板页面，选择刚创建成功的模板，进行编辑。按照向导完成安装。

（2）如果选择的自动发安装，创建模板成功后，页面也会跳转到教学模板页面，此时不用手动编辑，模板可以自动安装。

5）保存模板

在系统安装完毕后，操作功能栏“另存为模板”项，如图 7－59 所示，进行“另存为模板”操作，按要求填写信息后提交，此时在教学模板页面可以看到刚保存的模板处于正在更新状态，过一会模板就可以使用了。

图 7－59　另存为模板

注意：如果是手动安装在“另存为模板”之前，需在桌面内安装最新版 spice-guest 软件，安装完系统驱动之后，根据此模板创建的桌面则无需再次安装驱动。如果是自动安装，则会自动安装最新版 spice-guest 软件，不需要再次手动安装 spice-guest 软件。

6）加载安装包

系统安装完毕还未保存模板过程中，在操作栏执行“加载安装包”功能，选择做成.iso 的应用程序，导入成功后可直接进行安装，如图 7－60 所示。

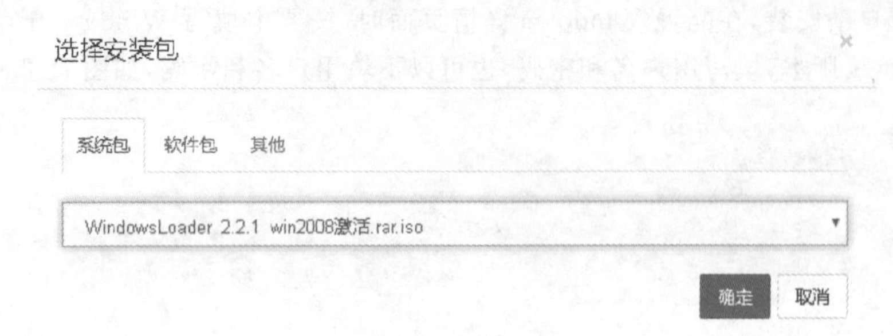

图 7 - 60　加载安装包

7)关机

在制作模板安装完操作系统后,执行上方功能栏“关机”项,则系统关机,如图 7 - 61 所示。

图 7 - 61　关机

8)开机

在制作模板安装完操作系统后,在系统关机或中断的情况下,执行上方功能栏“开机”项,达到开机效果。

2. 编辑模板

(1)内容编辑功能主要是修改模板,打开模板窗口后在操作系统内做一系列调整,再执行“更新模板”即可保存修改,其他两项功能具体操作请参见制作模板项。

执行内容编辑,在教学模板列表处,点击编辑模板,进入模板系统内做一些修改,如图 7 - 62 所示。

注意:内容编辑时,当前所使用浏览器会拦截窗体的弹出,请设置为始终允许即可。

(2)更新模板,在对应的系统模板窗体中,写入需安装或更新的内容,执行上方操作栏“更新模板”项,如图 7 - 63 所示,此时可以看到该模板的状态为更新,说明该模板正在进行更新操作。

注意:如果更新了模板,就一定要更新桌面,才能使之前用该模板创建的桌面正常使用。

3. 模板另存为

模板另存为功能主要是将指定模板另存为教学模板或者个人模板。

(1)桌面模板列表处,点击模板下方的“另存为模板”图标,此时会弹出一个另存为模板窗

图 7－62　内容编辑

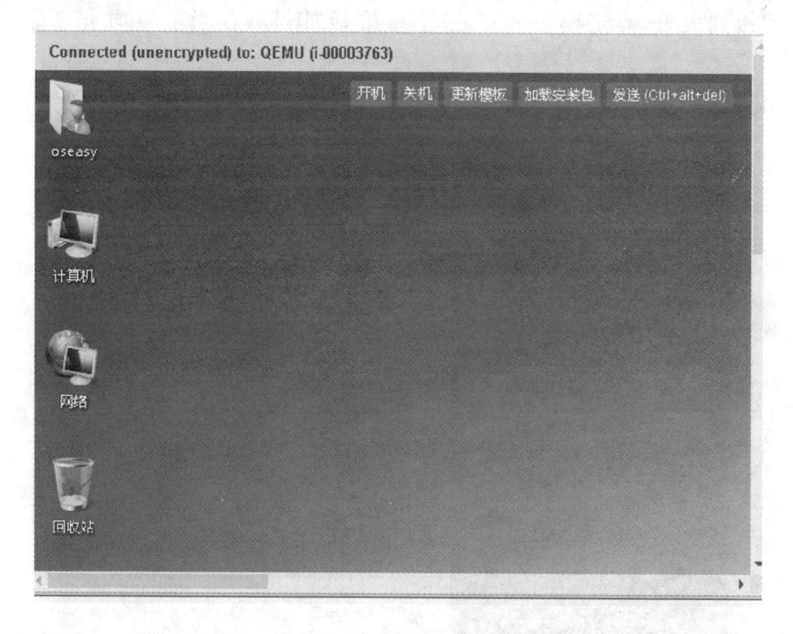

图 7－63　更新模板

口，如图 7－64 所示。

(2)在模板另存为界面，按要求填写信息后提交，此时根据用户提交的模板类型，在对应的模板页面可以看到刚另存的模板处于正在复制状态，过一会模板就可以使用了。

注意：如果模板类型设置为个人模板，那么成功另存后的模板会显示在个人模板页面。

4. 更新桌面

更新桌面主要是利用模板更新绑定在其下的教学桌面，更新的过程中根据桌面数量来决

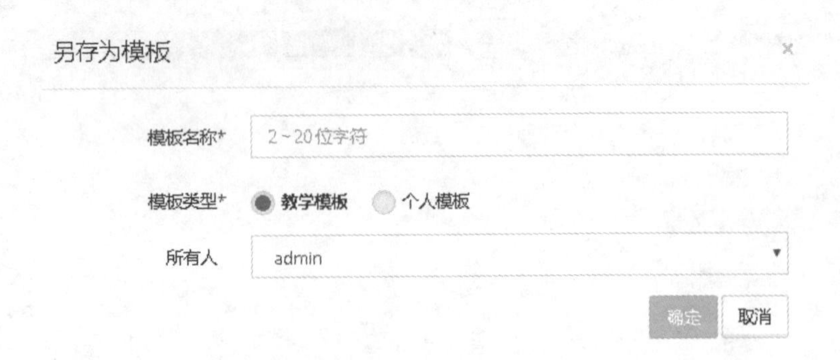

图 7-64 另存为模板

定时间长度。

(1)桌面模板列表处,点击模板下方的“更新桌面”图标,此时会弹出一个更新桌面窗口,提示在做更新桌面操作前必须关闭相应的场景以及桌面。

(2)在更新桌面界面,点击“确定”按钮同步更新教学场景下桌面。

5. 下载模板

(1)教学模板列表处,点击模板下方的“下载模板”图标,在当前页面下方显示下载进程及其相关信息。

(2)如果中途要取消下载或一些别的操作,鼠标点击右键即可,如图 7-65 所示。

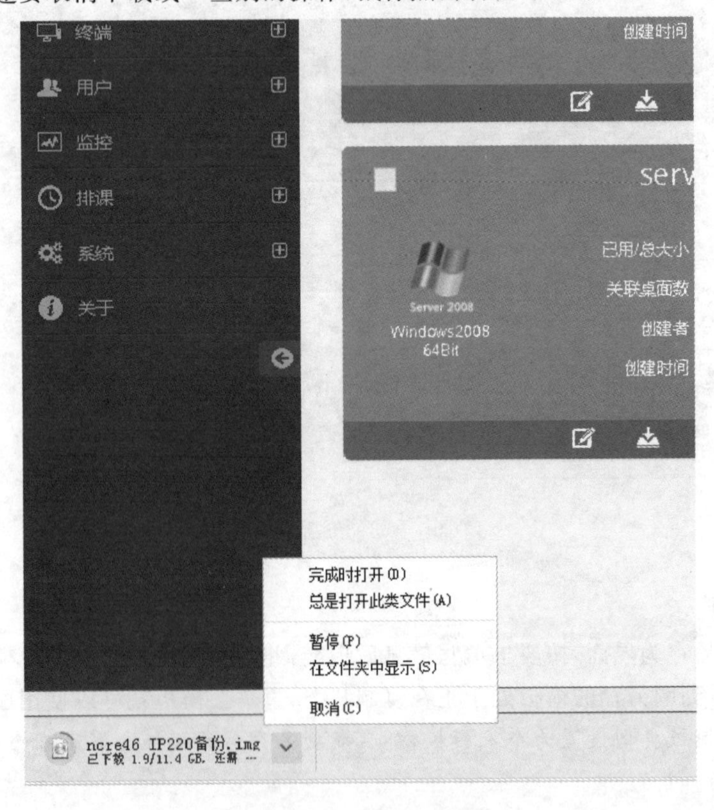

图 7-65 取消下载模板

6. 删除模板

(1)教学模板列表处，点击模板下方“删除模板”图标，即可删除模板，如果该模板有关联的桌面，弹出提示：该模板存在关联桌面。

(2)也可以选中要删除的模板，点击左上方的“删除”按钮，如果该模板有关联的桌面，此时也会弹出窗口提示：该模板存在关联的桌面，如图 7-66 所示。

图 7-66　删除模板

7. 注册模板

(1)在模板—教学模板界面，点击左上方“注册模板”按钮，弹出注册教学模板向导界面，如图 7-67 所示。

图 7-67　注册模板

注意：注册模板功能需先将模板文件上传至后台。

(2)点击选择模板下拉框，选择一个模板，填写模板名、选择模板类型、操作系统、所有人等其他信息，点击确定，则模板进入正在注册状态。

注意：注册完成后的模板要重新安装 guesttool。

三、个人模板

个人模板下面主要包含 6 个功能，制作模板、编辑模板、下载模板、模板另存为、删除模板、注册模板，这 6 个功能与 SCP 模式教学模板中的 6 部分功能相同，包括制作模板、编辑模板、下载模板、删除模板、注册模板，其功能主界面如图 7－68 所示。

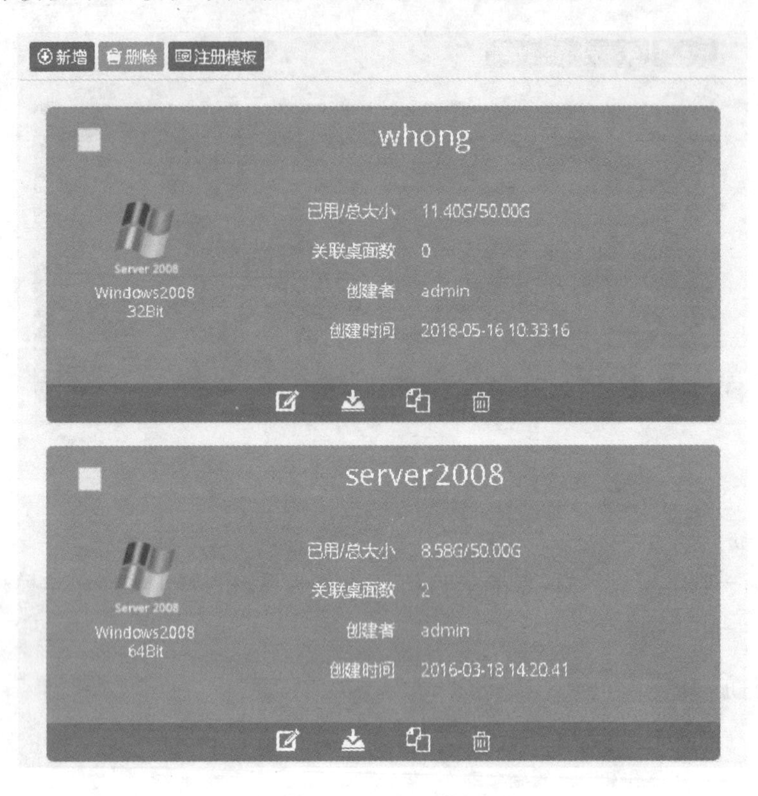

图 7－68　个人模板

注意：与教学模板相比，个人模板减少了桌面更新的功能；另外模板类型保存时可以切换，在制作模板过程中可以选择保存为教学模板或者个人模板。

第五节　主机管理

一、日常管理

主机列表图片上带有“主控”字样的为主控节点，其他主机均为计算节点，如图 7－69 所示。

1. 重启主机

从“管理平台界面”→“资源池”→“主机管理”进入主机管理界面。

从主机列表处选择“主控”或者“非主控”类型的宿主机，执行功能栏“重启主机”项，即可重启相应服务器，如图 7－70 所示。

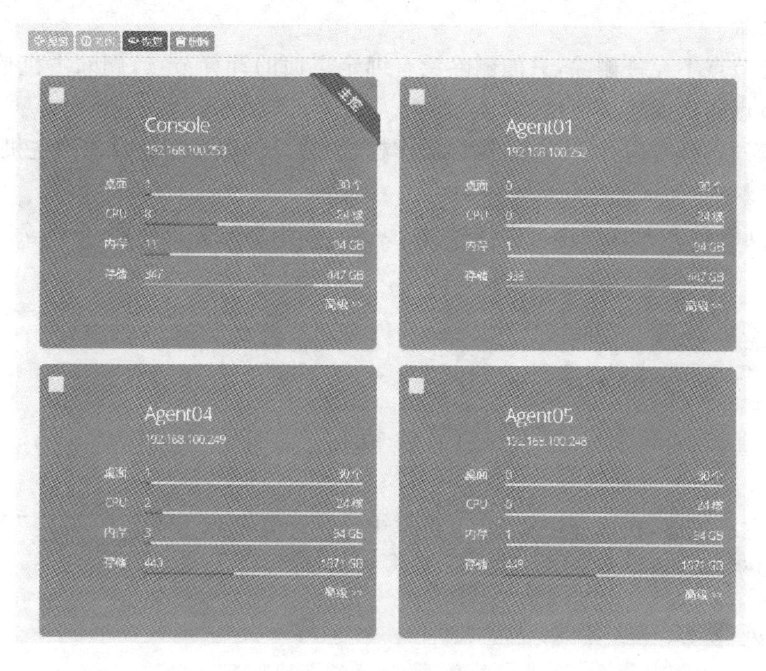

图 7-69　主控节点

图 7-70　重启主机

2. 关闭主机

从主机列表处选择“主控”或者“非主控”类型的宿主机，执行功能栏“关闭主机”项，即可关闭相应服务器，如图 7-71 所示。

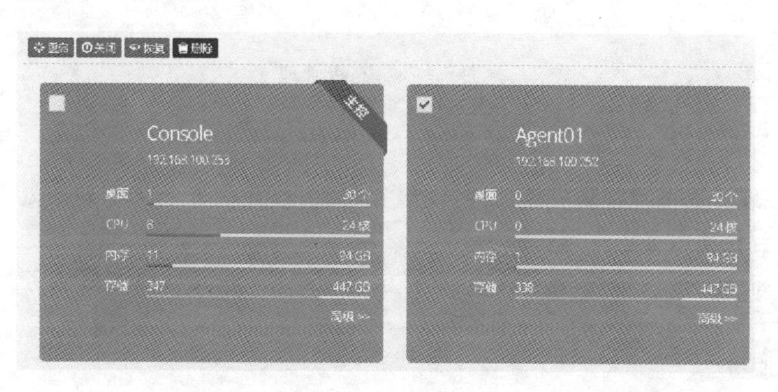

图 7-71　关闭服务器

注意：在执行关闭服务器操作时，确保数据的保存。

3. 删除主机

当前主控节点不允许删除，只能删除没有绑定桌面的计算节点，删除主机信息后，不影响绑定在其他节点的桌面连接使用。

主机列表处选择对应计算节点，执行操作栏“删除”项，即可删除对应的主机信息。

4. 恢复主机

(1)主机列管理界面直接执行操作栏“恢复”项，弹出恢复主机界面，如图 7－72 所示。

图 7－72　恢复主机

(2)恢复主机界面，在选择主机 IP 下拉框中选择计算节点 IP，点击“确定”按钮提交信息，在列表处可同步查看再次展示。

二、高级管理

点击主机列表图片下角的“高级＞＞”进入需要进行设置的主机高级管理界面，如图 7－73 所示。

高级管理

服务　网络　外网IP　root密码　桌面设置

服务名称	描述	开关	日志
thor-supervisor		ON	
thor-agent		ON	
thor-api		ON	
thor-sch		ON	

图 7－73　高级管理

1. 服务

当前主控或计算节点注册完毕后，各项服务自启，故在服务子菜单列表处全部显示“ON”状态，代表后台各项服务正常运行。

(1)主机高级管理界面处，选择 tab 页上方“服务”项，进入当前主机服务列表界面，如图 7－73所示。

(a)开启服务。

若当前主机除“thor-supervisor”服务外其他服务挂掉，则先于“root 密码”项写入后台密码，如图 7－74 所示。

返回服务菜单栏处，点击开关栏处“ON”，即可发送命令，此操作等同于在后台开启服务，

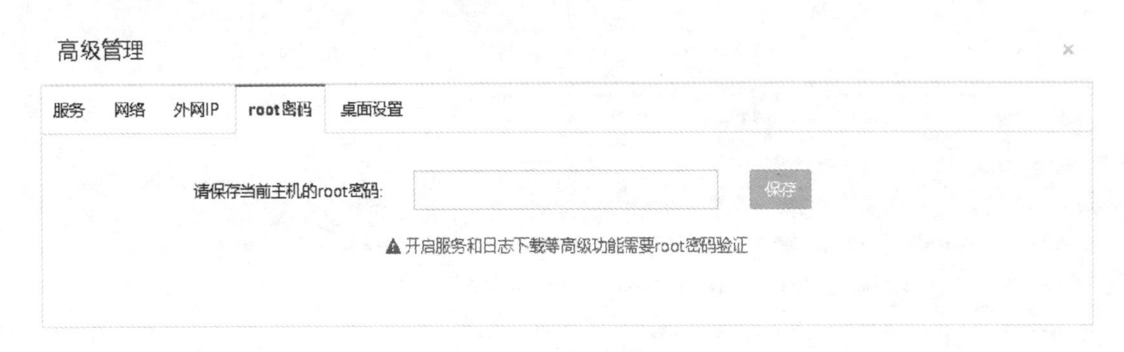

图 7-74　匹配密码

但只能开启不能关闭，如图 7-73 所示。

(b)下载日志。

先于“root 密码”项写入后台密码。

(2)返回服务点击“下载日志”图标，即可自行选择存放目录进行“下载日志”操作，如图 7-75 所示。

高级管理

服务　网络　外网IP　root密码　桌面设置

服务名称	描述	开关	日志
thor-supervisor		ON	
thor-agent		ON	

图 7-75　下载

2. 网络

网络配置功能是针对当前用户手动更改网络相关设备的配置信息，web 展示界面直接完成功能的实现，若一旦更改 IP 信息，需手动将服务器进行重启。

主机高级管理界面处，选择 tab 页上方“网络”项，进入服务器网卡配置信息，如图 7-76 所示。

主机网络界面，在列表处选择需要修改的网卡信息，执行操作栏“编辑”项，网卡信息的列表处即可编辑，如图 7-77 所示。

注意：VLAN 模式下不能修改管理 IP。

在修改主机网络界面，对应写入修改 IP、子网掩码、网关等信息，之后保存。

成功修改网卡 IP 地址后，需重启该对应的 Console 或者 Agent 端服务器主机。

3. 外网 IP

外网 IP 功能主要作用是让外网 IP 对管理平台进行管理，并可以登录虚拟机。其具体流程是，首先在服务器配置两张网卡，一张配置内网 IP，另一张配置外网 IP，配置完毕后，在管理平台填写对应外网 IP。

高级管理

服务 网络 外网IP root密码 桌面设置

▲网络修改后需重启计算机才能生效

网卡名称	MAC地址	网卡类型	网卡IP	子网掩码	默认网关	管理台	
vdi0	00:25:90:ab:42:06	1000Mb/s	192.168.100.248	255.255.255.0			
vdi1	00:25:90:ab:42:07	1000Mb/s	59.71.133.6	255.255.255.128	59.71.133.126		
vdi2	a0:36:9f:02:e0:ba	0Mb/s					
vdi3	a0:36:9f:02:e0:bb	0Mb/s					

图 7－76 查看主机网络

高级管理

服务 网络 外网IP root密码 桌面设置

▲网络修改后需重启计算机才能生效

网卡名称	MAC地址	网卡类型	网卡IP	子网掩码	默认网关	管理台	
vdi0	00:25:90:ab:42:06	1000Mb/s	192.168.100.248	255.255.255.0			
vdi1	00:25:90:ab:42:07	1000Mb/s	59.71.133.6	255.255.255.128	59.71.133.126		
vdi2	a0:36:9f:02:e0:ba	0Mb/s					
vdi3	a0:36:9f:02:e0:bb	0Mb/s					

图 7－77 主机网络界面

主机高级管理界面处，选择 tab 页上方“外网 IP”项，进入外网 IP 保存界面，写入外网 IP 项，点击“保存”按钮，如图 7－78 所示。

4. root 密码

root 密码功能主要作用于下载后台日志及开启服务功能时，所必须执行的匹配项，进入该页面时，若保存过正确密码，则显示如图 7－79 所示，用户可重新输入；若没有，则输入框置为空；点击保存时需要验证 root 密码的正确与否；若正确提示“验证成功”，并且输入框变为下图，代表验证密码成功，用户也可重新输入。

也可从主机高级管理界面，选择 tab 页上方“root 密码”项，进入服务器密码保存界面，写入密码项保存。

5. 桌面设置

主机高级管理界面处，选择 tab 页上方“桌面设置”项，可设置当前主机上可同时连接的最

图 7-78　保存外网 IP

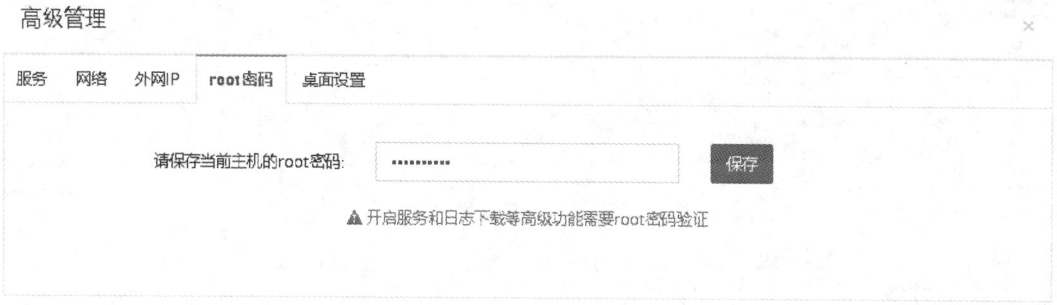

图 7-79　root 密码保存

大桌面数,默认为 30 台,如图 7-80 所示。

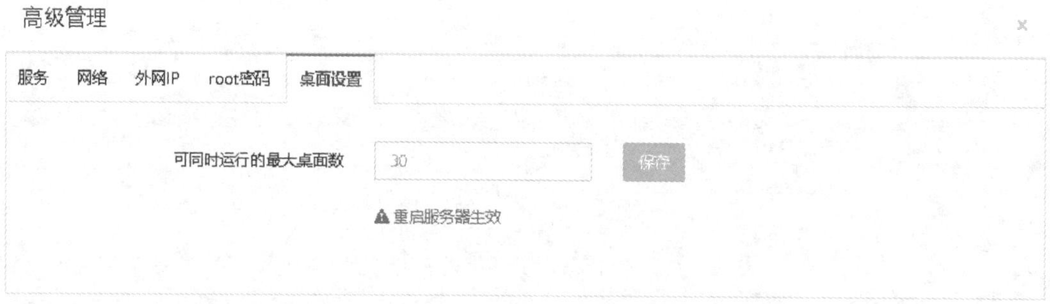

图 7-80　桌面设置

注意:桌面设置数受限于平台多个功能参数。

(1)管理台增加服务器"最大运行虚拟机数量"的管理,后台默认数据为 30 台。

(2)创建场景时,选择主机时将根据所选择的主机的最大数量汇总后进行可创建虚拟机数量的控制。如两台服务器是 25 和 30,则一个场景只能创建 55。如果是系统分配,则是所有主机之和。

(3)修改场景增加数量时同(2)一样进行数量控制。

(4)批量创建个人桌面时同(2)一样进行数量控制。

(5)后台创建虚拟机时根据最大数量分配主机。

(6)启动虚拟机时检查运行最大总数进行控制。

三、网络管理

1. 默认网络

在系统初始化完毕后,会自动生成“桥接”类型的网络,且关联到默认“default”教室下,当前网络不包含网络段,但不影响模板及桌面的创建操作。

初始化完毕后,在网络管理界面查看默认生成的网络,如图 7-81 所示。

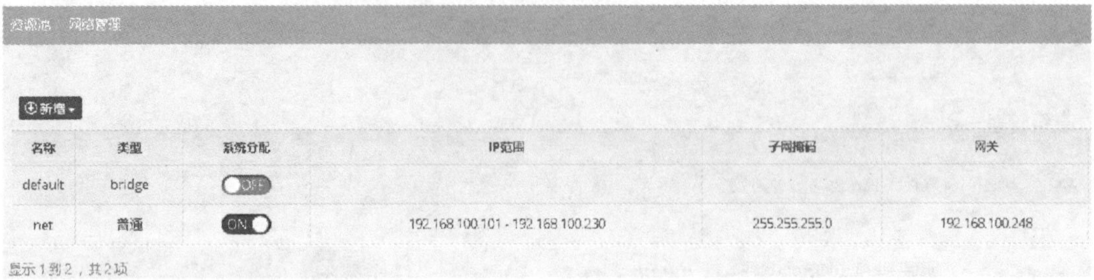

⊕新增▾

名称	类型	系统分配	IP范围	子网掩码	网关
default	bridge	OFF			
net	普通	ON	192.168.100.101 - 192.168.100.230	255.255.255.0	192.168.100.248

显示1到2，共2项

图 7-81　默认网络

2. 普通网络

普通网络是一种桥接类型的逻辑网络,可以设置任意 IP 段,类似于不含路由的交换机,仅仅只是用来配置 IP。

(1)网络主界面下点击“新增网络”项,选择“普通”类型,弹出普通网络界面,在当前界面勾选“系统分配”项并写入 IP 信息,如图 7-82 所示。

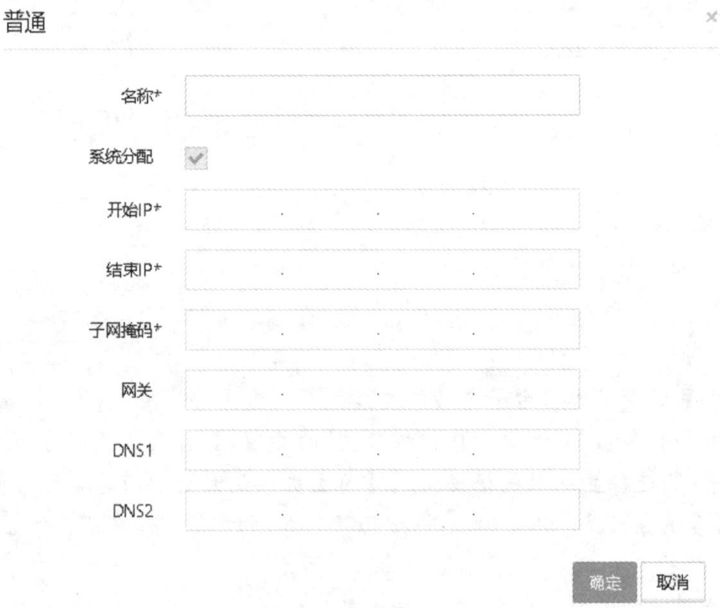

普通

名称*

系统分配

开始IP*

结束IP*

子网掩码*

网关

DNS1

DNS2

确定　取消

图 7-82　普通网络 IP

(2)提交后在列表处显示对应的普通类型网络信息,启用系统分配。

3. VLAN

(1)网络主界面下点击“新增网络”项,弹出 VLAN 网络界面,如图 7-83 所示。

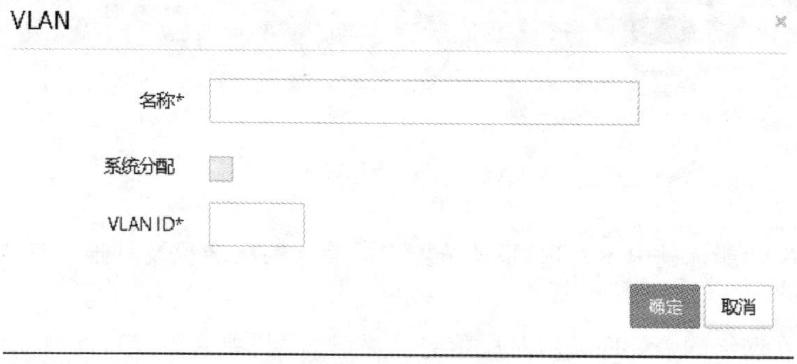

图 7-83　新增 VLAN

(2)启用系统分配:VDI 服务器作为 DHCPServer 向虚拟机发送池内 IP。

勾选“系统分配”,写入名称、IP、子网、具有唯一性的 VLAN ID 信息,点击“确定”按钮进行保存,如图 7-84 所示。

图 7-84　系统分配

(3)创建成功后,在网络列表处显示对应写入信息(“系统分配”项“ON”状态),如图 7-85 所示。

(4)不启用系统分配。

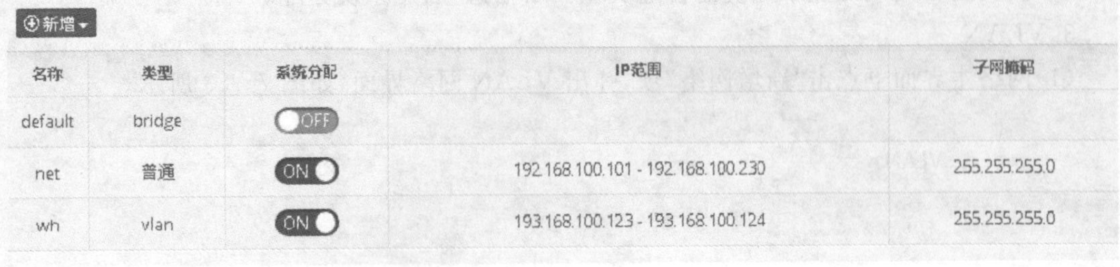

新增
名称
类型
系统分配
IP范围
子网掩码
default
bridge
OFF
net
普通
ON
192.168.100.101 - 192.168.100.230
255.255.255.0
wh
vlan
ON
193.168.100.123 - 193.168.100.124
255.255.255.0

图 7-85　VLAN6

新增 VLAN 功能标题内不勾选“系统分配”项，直接写入名称及具唯一性 VLAN ID 号后提交。

(5)提交后在网络列表处即显示对应信息(“系统分配”项为“否”)，此状态 VDI 服务器不向虚拟机发送 IP，即网络状态项为“自动获取”。

4. 修改网段

删除网段时，请确保当前网络段内没有 IP 处于被桌面或终端占用使用的情况。

(1)有网段修改，无 IP 被征用情况下，执行操作栏“修改”项，即可修改除“名称”与“VLAN ID”项的 IP 段范围或去除绑定 IP，如图 7-86 所示。

VLAN
名称*
wh
系统分配
开始IP*
193 . 168 . 100 . 123
结束IP*
193 . 168 . 100 . 124
子网掩码*
255 . 255 . 255 . 0
网关
193 . 168 . 100 . 248
DNS1
DNS2
VLAN ID*
1
确定
取消

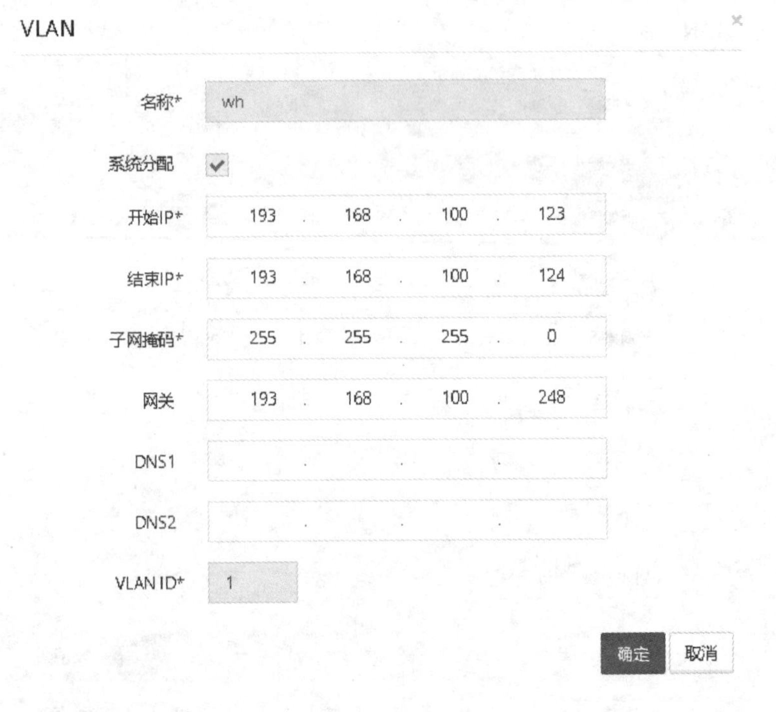

图 7-86　修改 IP 段

注意：IP 模式由“系统分配”到“不启用分配”项时，该 IP 段等信息取消，此时虚拟机获取 IP 时为自动获取，模式切换到第一次新增不启用系统分配条件下情况。

(2)无 IP 段修改，执行操作栏“修改”项，在当前修改处为两种形式：不做任何修改提交；启用系统分配写入 IP 段提交(模式切换到新增系统分配条件下情况)。

5. 删除网段

删除网段时,请确保当前网段内没有 IP 处于被桌面或终端占用使用的情况。

无 IP 被征用情况下,执行操作栏“删除”项,即可删除对应 IP 段信息,如图 7 - 87 所示。

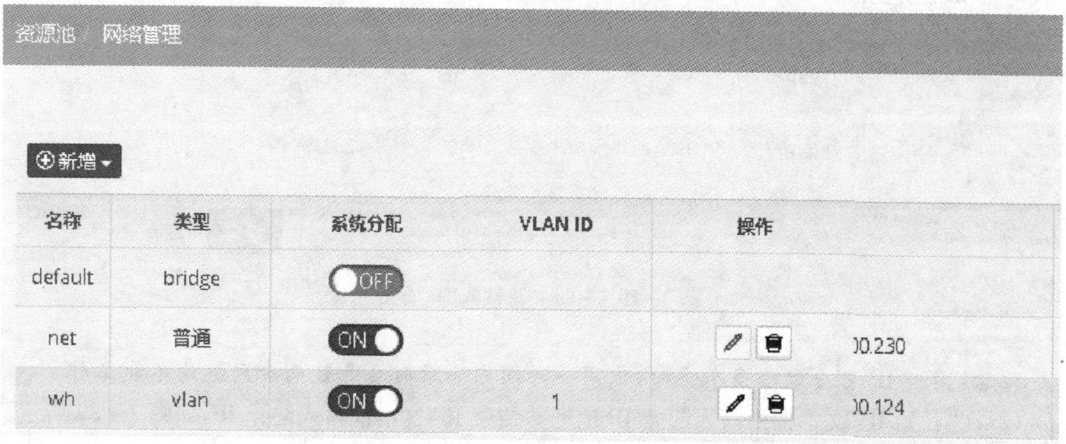

资源池 / 网络管理

⊕新增

名称	类型	系统分配	VLAN ID	操作	
default	bridge	OFF			
net	普通	ON			)0.230
wh	vlan	ON	1		)0.124

图 7 - 87　删除 IP 段

6. 访问 IP 池

网络管理界面,鼠标置于 IP 地址段信息栏,点击具体的 IP 地址段链接,跳转到该 IP 段下的网络 IP 池,如图 7 - 88 所示。

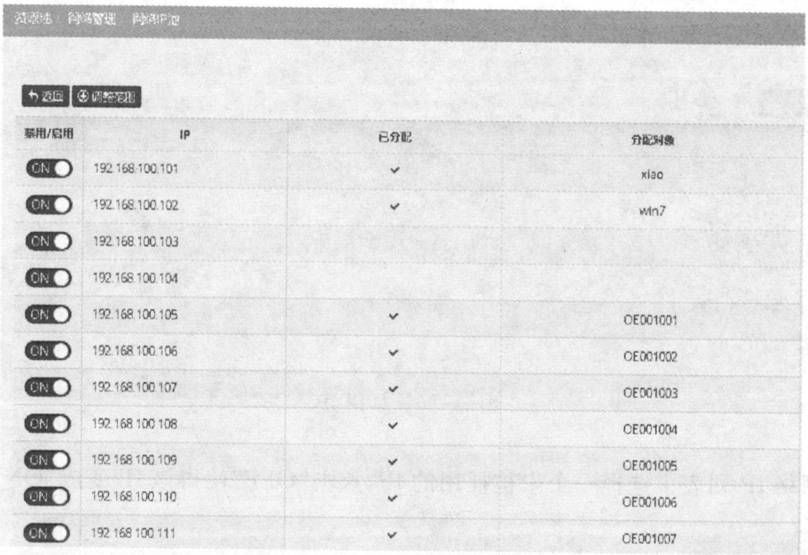

资源池 / 网络管理 / 网络IP池

返回　调整范围

禁用/启用	IP	已分配	分配对象
ON	192.168.100.101	✓	xiao
ON	192.168.100.102	✓	win7
ON	192.168.100.103		
ON	192.168.100.104		
ON	192.168.100.105	✓	OE001001
ON	192.168.100.106	✓	OE001002
ON	192.168.100.107	✓	OE001003
ON	192.168.100.108	✓	OE001004
ON	192.168.100.109	✓	OE001005
ON	192.168.100.110	✓	OE001006
ON	192.168.100.111	✓	OE001007

图 7 - 88　访问 IP 池

7. 返回网络管理

通过具体的 IP 地址段链接进入其下“网络 IP 池”界面后,点击上方功能栏“返回”项,页面跳转到网络管理界面,如图 7 - 88 所示。

8. 调整范围

(1)网络 IP 池管理界面，于网络 IP 界面直接执行功能栏“调整范围”项，弹出“调整范围”界面，如图 7－89 所示。

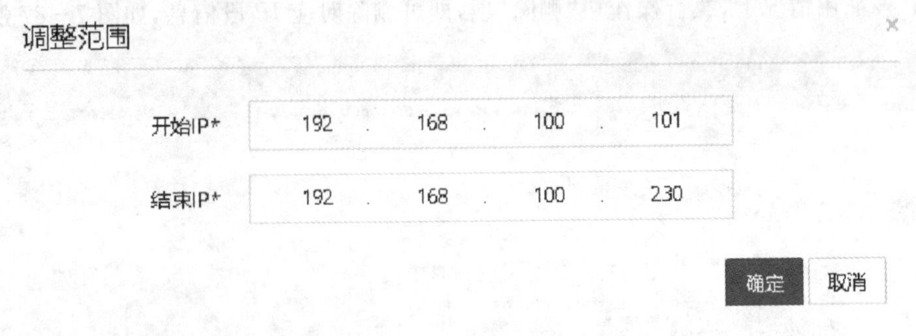

图 7－89　调整范围

注意：同一 IP 可分配给多个桌面，但同一时间内登录时会导致两者网络均不能工作。

(2)在“开始 IP”文本框中写入起始 IP 地址，“结束 IP”文本框写入终止 IP，如图 7－89 所示。

注意：

(1)若调整 IP 范围时其间包含已存在的 IP，则将启动跳过不会再创建。

(2)若是缩小网络范围，并且终端占用的网络不在修改后的网络范围内，则不允许修改。

(3)提交成功后于列表处显示调整后的 IP 信息。

9. 禁用/开启 IP

(1)在网络 IP 列表中选择一个未被征用的 IP，点击“ON”使得该 IP 变成“OFF”状态，即可禁用对应 IP，如图 7－90 所示。

返回　调整范围

禁用/启用	IP	已分配	分配对象
ON	192.168.100.101	✔	xiao
ON	192.168.100.102	✔	win7
ON	192.168.100.103		
ON	192.168.100.104		

图 7－90　禁用 IP

(2)在网络 IP 列表中选择一个未被征用的 IP，点击“OFF”使得该 IP 变成“ON”状态，即可开启对应 IP。

四、存储管理

第一次登录到系统时，系统会要求管理员配置存储信息，在以后的使用过程中，管理员也可以对存储进行配置。

注意：

(1)单独使用本地存储而不使用共享存储，则无法使用 HA、动态迁移功能，同时本地存储只能存在一个。

(2)同一个挂载源只能挂载一个服务器的一个区，一个挂载源不能被多次挂载。

1. 搜索存储

在存储管理界面，于上方选择服务器的下拉框中选择所有服务器或某一主机，即可显示所有服务器挂载信息或只显示出该主机挂载信息，如图 7 - 91 所示。

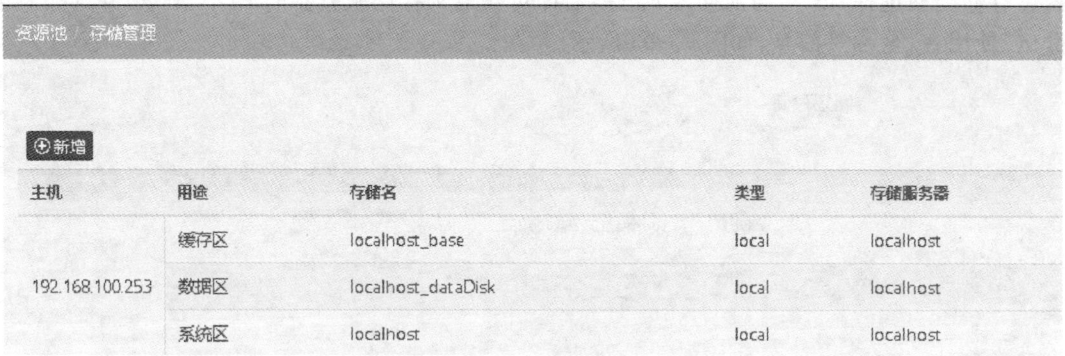

资源池 / 存储管理

⊕新增

主机	用途	存储名	类型	存储服务器
192.168.100.253	缓存区	localhost_base	local	localhost
	数据区	localhost_dataDisk	local	localhost
	系统区	localhost	local	localhost

图 7 - 91　服务器存储选择

2. 新建存储

此处存储信息类型有 3 种，均为远端存储，系统安装完成后默认使用本地存储，本地存储不能新增、不能删除，只能被新增的存储覆盖。创建情况请参见下方信息。

(1)nfs 存储。

存储类型选择“nfs”，写入对应参数信息，即可完成 nfs 存储的挂载，如图 7 - 92 所示。

新增存储

名称*　名称至少4位数字或字母的组合

使用者　console (192.168.100.253)

用途　缓存区

存储类型　nfs

所在服务器*　填写服务器IP如 172.16.10.64

路径*　存储服务器挂载路径

确定　取消

图 7 - 92　网络文件存储

参数配置如下。

所在服务器：nfs 存储所在服务器的 IP 地址，例如：10.1.41.31。

路径：nfs 的挂载路径，例如：/root/nfs。

注意：

(1)同一个 nfs 存储不要供不同的控制节点使用。

(2)创建好 nfs 存储，需在后台输入 chkconfig nfs on 命令设置 nfs 服务开机自动启动，以确保每次开机之后，nfs 存储可以自动连接。

(2)FC 存储。

存储类型选择“FC”，当前插入光纤线后即可获取到存储服务器的 LUN 信息，并选择对应分区、使用者、名称等信息，如图 7-93 所示。

图 7-93　新增 FC 存储

参数配置如下。

FC LUN：存储设备上的逻辑分区，插上光纤线即自动获取。

(3)ISCSI 存储。

存储类型选择“ISCSI 磁盘”，写入存储服务器 IP 地址，如图 7-94 所示。

图 7-94　ISCSI 存储

参数配置如下。

所在服务器:ISCSI 存储设备的服务器的 IP 地址。

ISCSI Target:标识 ISCSI 客户端的设备名。

找到目标信息后,系统会列出 IP 地址下所有的存储 LUN,管理员可选择一个 LUN 进行挂载。

注意:当选择的 LUN 是裸设备时,则系统默认必须创建逻辑卷格式化,逻辑卷的大小等于 LUN 的大小减 1GB。当 LUN 上已经有逻辑卷,该平台会列出已存在的逻辑卷,并且只能选择其中一个逻辑卷。

完成挂载的页面会显示在页面,如图 7－95 所示。

资源池 / 存储管理

⊕新增

主机	用途	存储名	类型	存储服务器
192.168.100.251	缓存区	localhost_base	local	localhost
	数据区	localhost_dataDisk	local	localhost
	系统区	localhost	local	localhost

图 7－95　列表展示

第六节　终端管理

设置终端

设置终端就是对终端在连接桌面时涉及到的配置信息项进行设置,包括修改终端名、设置运行参数,必须要在终端开机的状态下才可以,如图 7－96 所示。

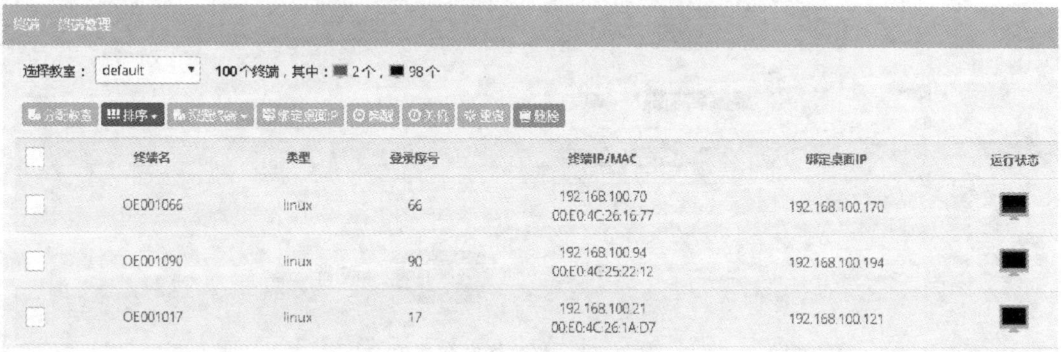

选择教室: default　100个终端,其中: 2个, 98个

	终端名	类型	登录序号	终端IP/MAC	绑定桌面IP	运行状态
	OE001066	linux	66	192.168.100.70 00:E0:4C:26:16:77	192.168.100.170	
	OE001090	linux	90	192.168.100.94 00:E0:4C:25:22:12	192.168.100.194	
	OE001017	linux	17	192.168.100.21 00:E0:4C:26:1A:D7	192.168.100.121	

图 7－96　终端配置信息

1. 修改终端名

修改终端名操作是根据实际情况，来自定义终端名，只需在机器名文本框中写入前缀名，其序列号会根据所选择的终端数自动生成。

例如：前缀 oseasy，名称依次为 oseasy001，oseasy002……

(1)于终端列表处选择一个或多个开机状态的终端信息，执行上方功能栏“设置终端—修改终端名”项，弹出修改终端名窗口，如图 7-97 所示。

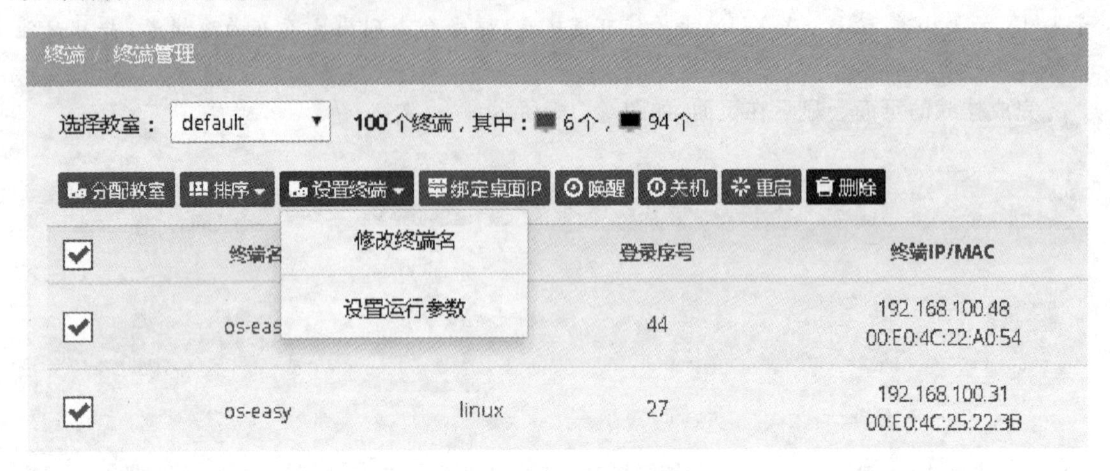

图 7-97　修改终端名

(2)在修改终端名窗口中，选择需修改的终端，在终端名前缀文本框中写入前缀名，点击“确定”按钮，如图 7-98 所示。

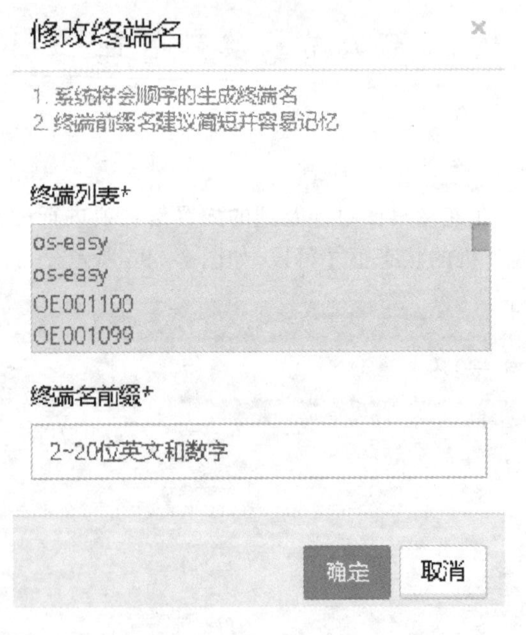

图 7-98　修改终端名选项

2.设置运行参数

运行参数包含4项：模式设置、权限设置、快捷键设置、个性化设置，4项设置信息有些设置信息和在安装客户端时配置界面信息相同。

(1)选择一个处于开机状态的终端，点击"设置终端—设置运行参数"，此时会弹出"设置运行参数"对话框。

(2)在模式设置中选择默认模式，选择是否启动自动登录以及自动登录的时间，选择是否启用虚拟机自助，如图7-99所示。

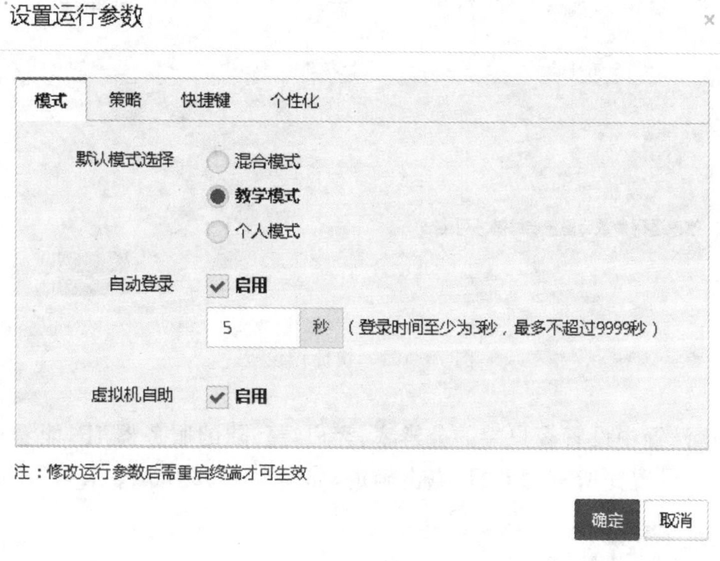

图7-99　模式设置

(3)在策略设置中设置启动客户端运行模式，如果是Windows客户端可以在这里设置一些选项，如图7-100所示。

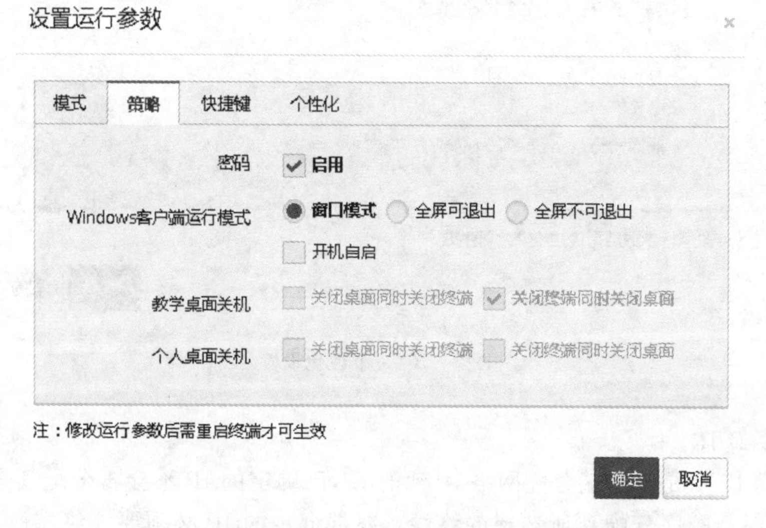

图7-100　策略设置

(4)在快捷键设置中设置是否启动快捷键,如图 7－101 所示。

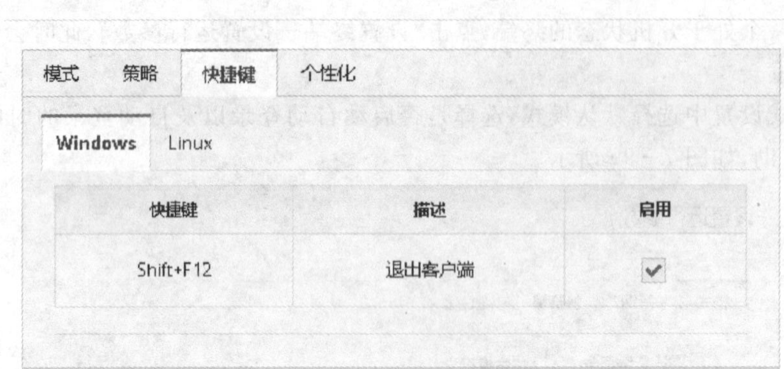

图 7－101 快捷键设置

(5)在个性化设置中设置客户端的分辨率、客户端登陆的服务器 IP,能看到客户端动态密码以及超级密码。设置完所有功能后,点击确定,如图 7－102 所示。

图 7－102 个性化设置

3. 绑定桌面 IP

绑定桌面 IP 项是给终端分配网络 IP 池的 IP,已绑定的 IP 不会再分配到客户端,同时在批量指定 IP 时会顺序分配到所选择的终端。终端绑定的 IP 必须要在终端所在的教室的网段中。

(1)于终端列表处选择一个或多个终端信息，执行上方功能栏“绑定桌面IP”项，弹出固定桌面IP修改窗口，如图7-103所示。

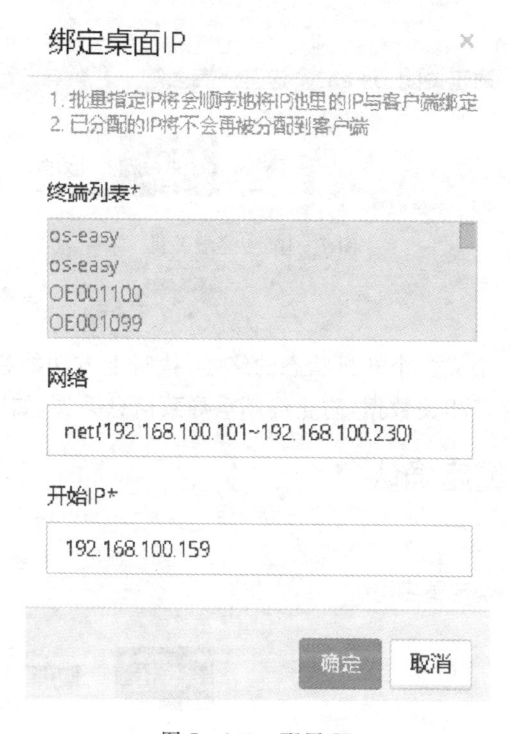

图7-103　配置IP

(2)当前网络段信息显示对应该教室下所绑定的网段，具有唯一性。

4. 唤醒

唤醒功能是将处于关机状态的终端进行唤醒，需要主板支持唤醒。

于终端列表处选择一个或多个关闭状态的终端，执行上方功能栏“唤醒”项，若该终端的主板支持唤醒，则可达到直接开机效果，如图7-104所示。

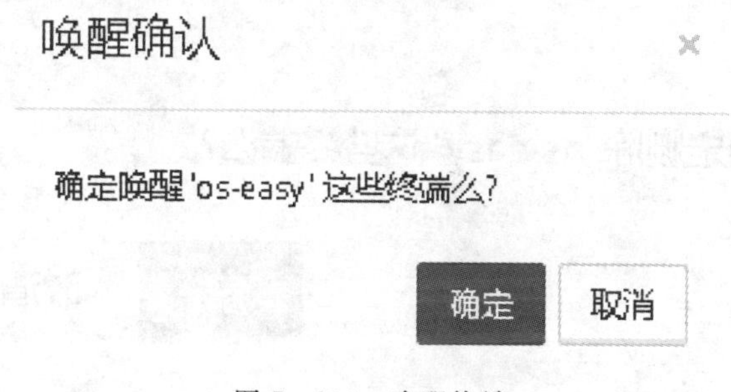

图7-104　唤醒终端

5. 关机

于终端列表处选择一个或多个开机状态的终端，执行上方功能栏“关机”项，则终端被强制关机，在操作此项功能时请保存好相关数据，防止终端关机导致信息丢失，如图 7－105 所示。

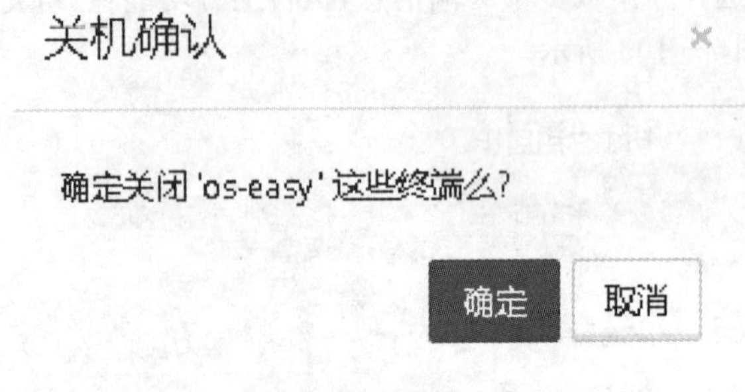

图 7－105　终端关机

6. 重启

于终端列表处选择一个或多个开机状态的终端，执行上方功能栏“重启”项，则终端重启，在操作此项功能时请保存好相关数据，防止终端重导致信息丢失，如图 7－106 所示。

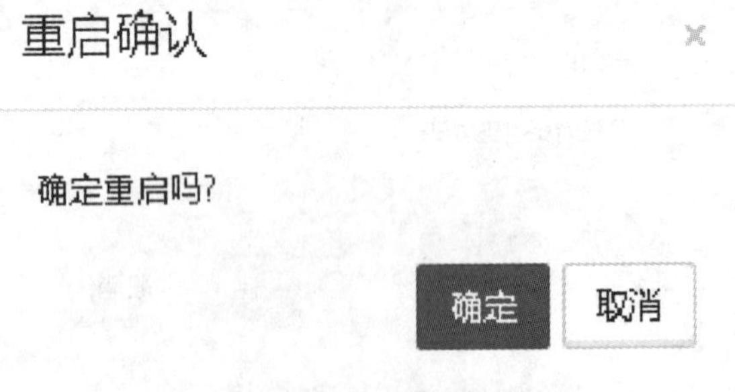

图 7－106　终端重启

7. 删除

于终端列表处选择一个或多个终端信息，执行操作栏“删除”功能，列表处无对应信息，出现操作成功提示语，如图 7－107 所示。

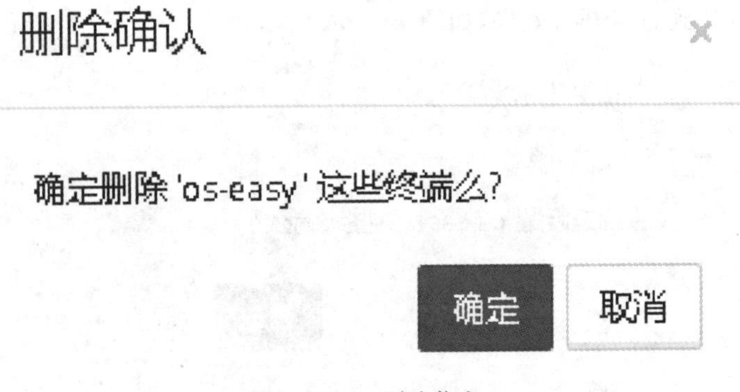

图 7－107　删除信息

8. 搜索终端

于终端管理界面，在搜索栏文本框中输入有效字符，列表处会直接显示相关信息，如图 7－

108 所示。

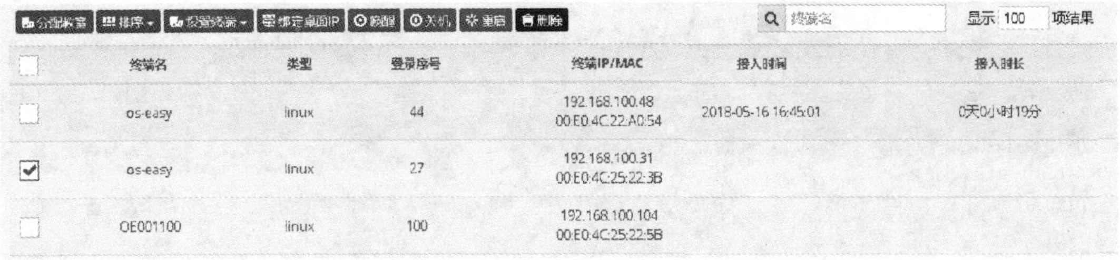

分配教室　排序　设置终端　绑定桌面IP　唤醒　关机　重启　删除　　搜终端名　显示 100 项结果

	终端名	类型	登录序号	终端IP/MAC	接入时间	接入时长
☐	os-easy	linux	44	192.168.100.48 00:E0:4C:22:A0:54	2018-05-16 16:45:01	0天0小时19分
☑	os-easy	linux	27	192.168.100.31 00:E0:4C:25:22:3B		
☐	OE001100	linux	100	192.168.100.104 00:E0:4C:25:22:5B		

图 7－108　搜索信息

第七节　系统管理

一、系统备份

系统备份功能只能备份系统数据库，当备份文件名重名时将覆盖原先的备份，故在创建备份时文件名称项要注意不一致性。

1. 备份

于系统备份界面，左上方新备份文件名文本框中写入有效字符，点击“备份”按钮，当前备份进度读取完毕后显示在列表中，如图 7－109 所示。

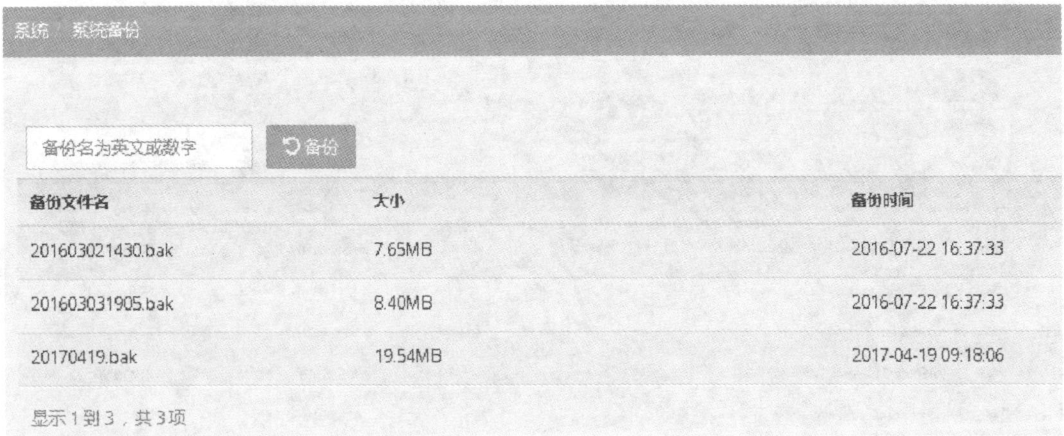

系统 / 系统备份

备份名为英文或数字　备份

备份文件名	大小	备份时间
201603021430.bak	7.65MB	2016-07-22 16:37:33
201603031905.bak	8.40MB	2016-07-22 16:37:33
20170419.bak	19.54MB	2017-04-19 09:18:06

显示 1 到 3，共 3 项

图 7－109　备份

2. 搜索

于系统备份界面，在搜索栏文本框中输入有效字符，列表处会直接显示相关信息。

3. 下载备份

于系统备份界面，列表处执行操作栏“下载”项，下方显示下载进度，当下载完毕后进行拷贝，如图 7－110 所示。

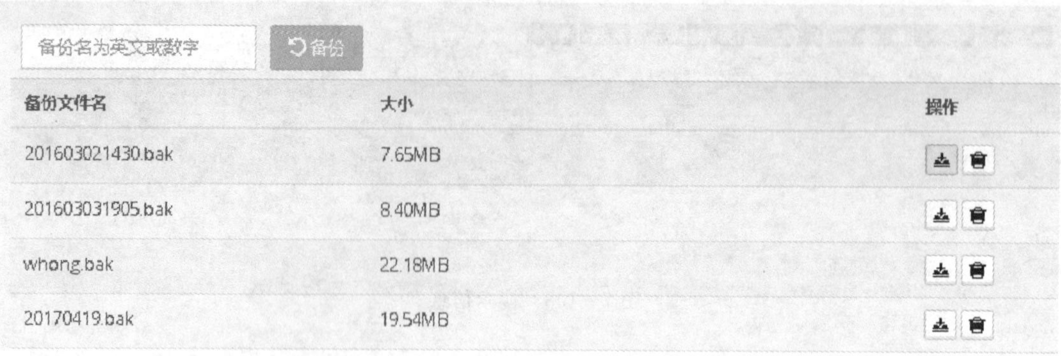

备份名为英文或数字　备份

备份文件名	大小	操作
201603021430.bak	7.65MB	
201603031905.bak	8.40MB	
whong.bak	22.18MB	
20170419.bak	19.54MB	

图 7－110　下载备份

4. 删除备份

于系统备份界面，列表处执行操作栏“删除”项，删除时请确保当前数据完好，如图 7－110 所示。

二、安装包

上传系统镜像是整个平台操作的第一步，同时可上传应用程序，系统会将上传的应用程序自动转成 ISO 文件，并将安装包分类显示，方便在更新模板安装软件，如图 7－111 所示。

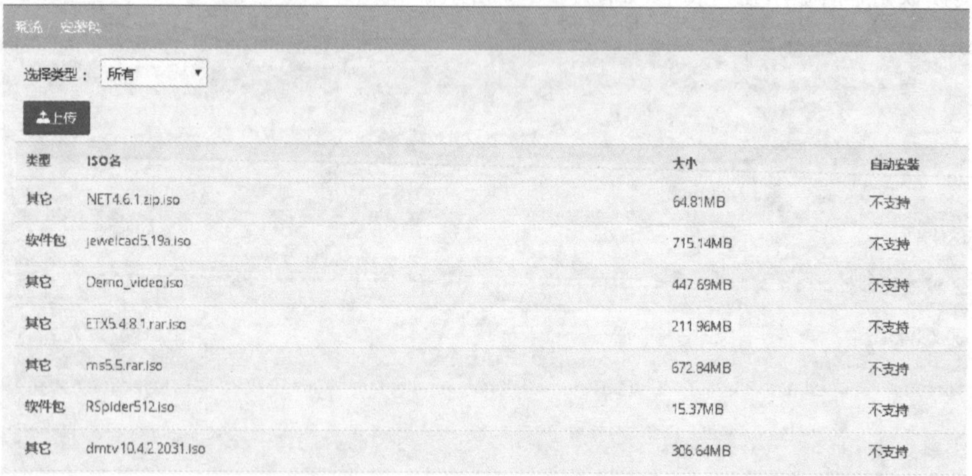

系统 / 安装包

选择类型：所有

上传

类型	ISO名	大小	自动安装
其它	NET4.6.1.zip.iso	64.81MB	不支持
软件包	jewelcad5.19a.iso	715.14MB	不支持
其它	Demo_video.iso	447.69MB	不支持
其它	ETX5.4.8.1.rar.iso	211.96MB	不支持
其它	ms5.5.rar.iso	672.84MB	不支持
软件包	RSpider512.iso	15.37MB	不支持
其它	dmtv10.4.2.2031.iso	306.64MB	不支持

图 7－111　安装包

1. 上传

上传的过程中所需时间长短由安装包大小决定，在上传过程中请勿刷新界面，否则导致进度中断，上传有两种方式：直接上传和 FTP 上传。

(1)直接上传。

于安装包界面，执行左上方操作栏“上传”项，选择对应的系统镜像或应用程序，待进度读取完毕后，在列表处显示镜像信息，如图 7－112 所示。

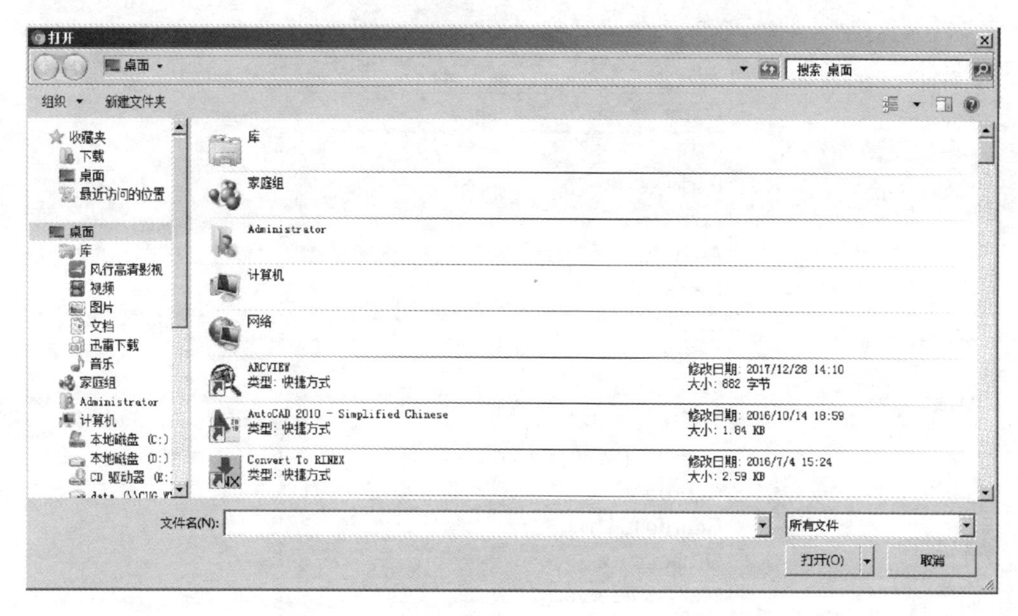

图 7－112　直接上传

(2)FTP 上传。

系统 ISO 界面,点击右上方帮助,查看 FTP 信息提示项,进入 FTP 目录处,将后缀名为 .iso的镜像直接加载上传。

2. 搜索

于安装包界面,在搜索栏文本框中输入有效字符,列表处会直接显示相关信息。

3. 编辑系统类型

(1) 在安装包界面,执行编辑就可以编辑系统类型,Windows7 系列的 ISO 由于支持自动安装,所以不能更改类型,如图 7－113 所示。

图 7－113　编辑系统类型

(2) 选择完系统类型后,点击保存即可,如图 7－114 所示。

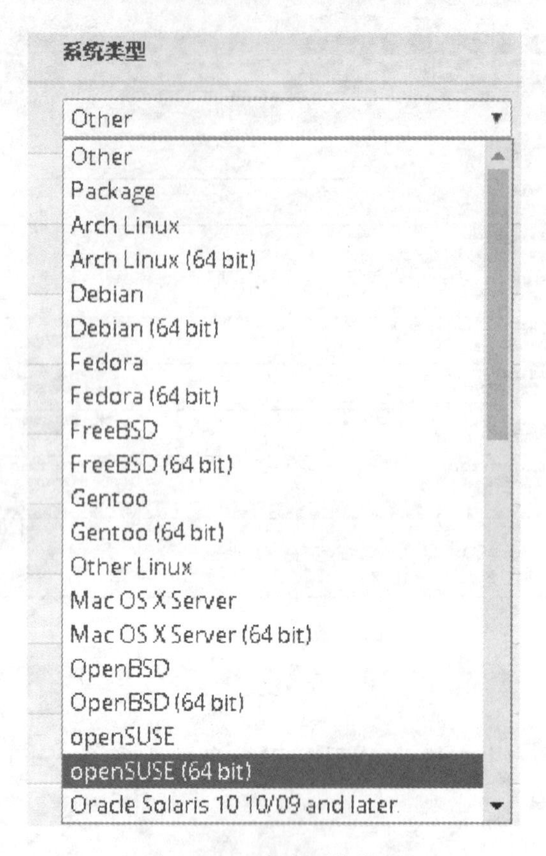

图 7-114　保存系统类型

三、USB 重定向

USB 重定向功能主要是控制重定向 USB 设备在虚拟机桌面的使用。

1. USB 重定向

USB 重定向需注意以下几点。

(1)当 PID 和 VID 设置为“-1”时，重定向的范围是所有设定类别的 USB 设备。

(2)当重定向设置为“是”时，虚拟机桌面可以识别设定类别的 USB 设备。

(3)当重定向设置为“否”时，虚拟机桌面不能识别设定类别的 USB 设备。

(4)USB 规则可用的前提是，在新增 USB 重定向后，再新增支持 USB 的场景，这样该场景才能支持所对应的 USB 重定向规则。

(5)建立规则后，所建规则中没有涉及到设备，都可以使用。

(6)优先级规则为数字越小，级别越高，对于同类别的规则，优先级高的规则才会生效。

(7)PID 和 VID 只支持小写字母，不支持大写字母。

(8)编辑或删除规则后，之前生成的且支持 USB 的场景依然只支持原来的规则。

2. 大容量存储类别

(1)在 USB 重定向界面，执行上方操作栏“新增”项，弹出新增 USB 重定向窗口，如图 7-115 所示。

(2)在新增 USB 重定向界面，选择大容量存储类别，设置重定向为“是”，并填入其他基本

图 7-115 新增大容量存储类型

信息，点击“提交”按钮保存信息后，在列表处显示新增信息。

(3)在教学桌面界面，新增教学场景，新增过程中勾选“USB”选项，如图 7-116 所示。

图 7-116 新增教学场景

(4)打开终端，登录对应该教学场景的虚拟机，插入 U 盘，桌面可以识别 U 盘，并可以正常打开与编辑。

3. 人机接口设备类别

(1) 在 USB 重定向界面，执行上方操作栏“新增”项，弹出新增 USB 重定向窗口，如图 7-117 所示。

图 7-117　新增人机接口设备类型

(2)在新增 USB 重定向界面,选择人机接口设备类别,设置重定向为“否”,并填入其他基本信息,点击“提交”按钮保存信息后,在列表处显示新增信息。

(3)在教学桌面界面,新增教学场景,新增过程中勾选“USB”选项。

(4)打开终端,登录对应该教学场景的虚拟机,桌面无法识别键盘和鼠标。

4. 编辑

在 USB 重定向界面,列表处执行“编辑”项,弹出编辑 USB 重定向窗口,如图 7-118 所示。

图 7-118　编辑 USB 重定向

在编辑 USB 重定向界面,修改相关基本信息,点击“提交”按钮保存修改。

5. 删除

在 USB 重定向界面,列表处选择一项或多项日志信息,执行上方操作栏“删除”项,出现操作成功提示语。

四、系统升级

系统升级功能针对服务端 Console/Agent、客户端 Windows/Linux/Arm，进行上传系统包、立即升级、查看未升级组件详情等操作。

1. 上传系统包

(1)于系统升级界面，点击管理台、计算节点或客户端的“上传系统包”项，选择本地对应的升级文件。

(2)完成系统包上传后，在列表操作栏处出现“立即升级”和“查看未升级组件详情”按钮，如图 7－119 所示。

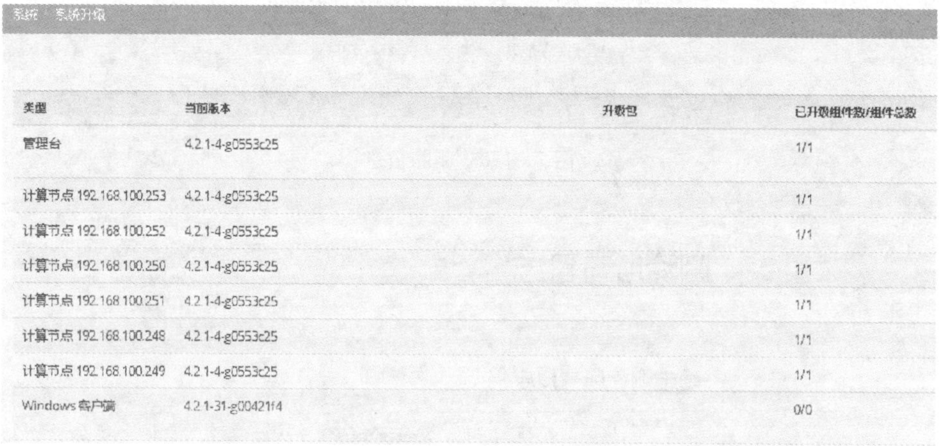

系统 / 系统升级

类型	当前版本	升级包	已升级组件数/组件总数
管理台	4.2.1-4-g0553c25		1/1
计算节点 192.168.100.253	4.2.1-4-g0553c25		1/1
计算节点 192.168.100.252	4.2.1-4-g0553c25		1/1
计算节点 192.168.100.250	4.2.1-4-g0553c25		1/1
计算节点 192.168.100.251	4.2.1-4-g0553c25		1/1
计算节点 192.168.100.248	4.2.1-4-g0553c25		1/1
计算节点 192.168.100.249	4.2.1-4-g0553c25		1/1
Windows 客户端	4.2.1-31-g00421f4		0/0

图 7－119　上传系统包完成后

2. 立即升级

(1)于系统升级界面，点击管理台、计算节点或客户端的“立即升级”项，可对管理台、计算节点或处于开机状态的客户端进行升级。

(2)完成升级管理台后重启服务器，运用升级内容。

(3)登陆前台界面清除一下浏览器缓存。

3. 查看未升级组件详情

于系统升级界面，点击客户端的“查看未升级组件详情”项，可查看未升级客户端信息。

五、操作日志

操作日志记录管理员在平台进行的各项功能操作如下。

1. 删除

于操作日志界面，列表处选择一项或多项日志信息，执行上方操作栏“删除”项，出现操作成功提示语，如图 7－120 所示。

2. 清空

于操作日志界面，直接执行左上方操作栏“清空”项，将其列表中全部日志信息删除，如图 7－121 所示。

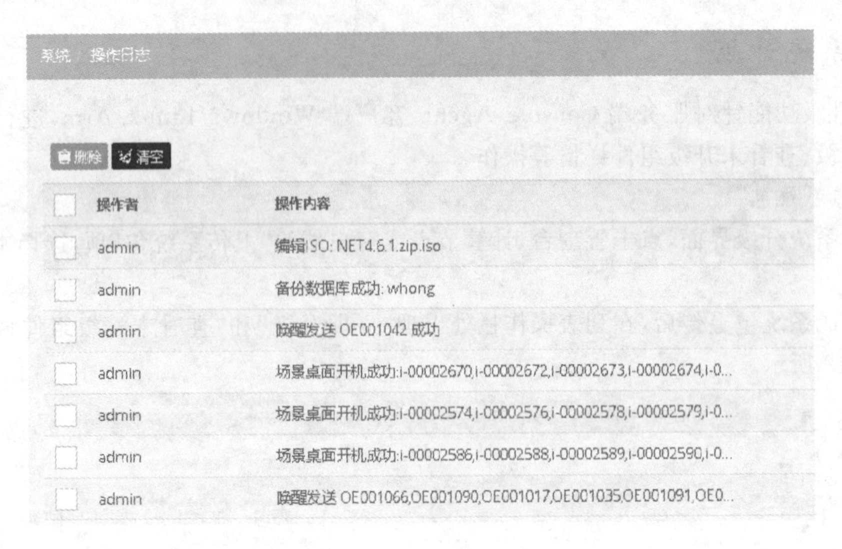

图 7－120　删除信息

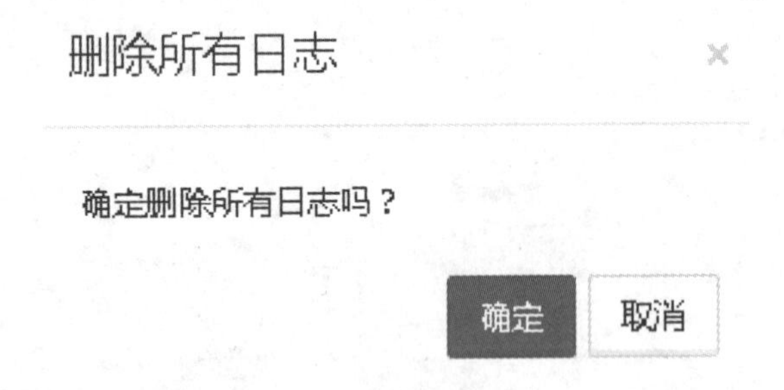

图 7－121　清空信息

3. 搜索

操作日志界面，在搜索栏文本框中输入有效字符，列表处会直接显示相关信息，如图 7－122 所示。

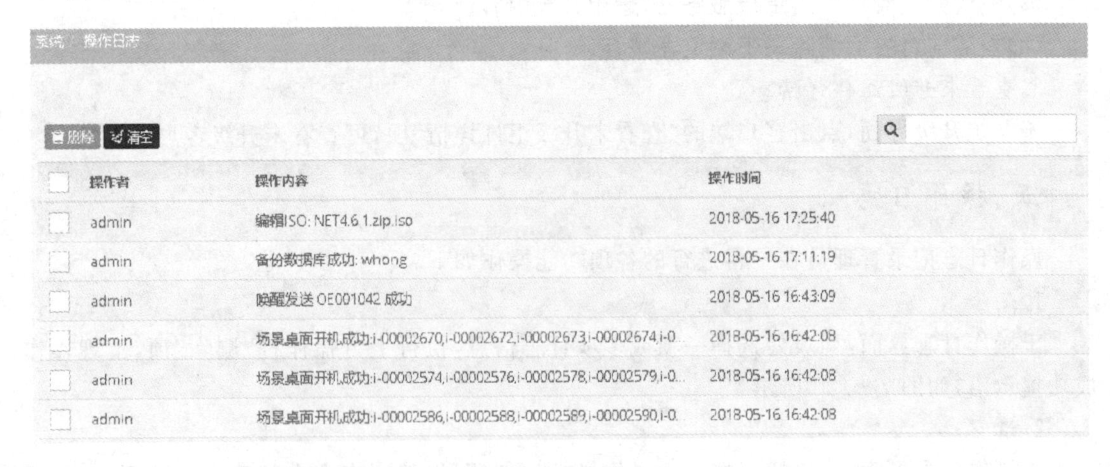

图 7－122　搜索信息

第八章　地质云平台的搭建与应用

第一节　地质云平台概述

地质数据是一种时空大数据，它首先来源于基础地质、矿产地质、工程地质、环境地质、灾害地质的调查、勘查、勘察活动中。其次，能源、矿产的开发利用和环境、地灾的监测、防治过程的科学研究也产生大量的地质数据。地质数据具有多源、多类、多维、多尺度、海量的特点。

所谓地质云平台是以地质大数据为依托，将云计算和大数据相结合，使人们可以利用高效、低成本的计算资源分析海量地质数据的相关性，快速找到共性规律，加速人们对于客观世界有关规律的认识。地质云平台必须是以云存储、云计算为基础框架，通过计算机和互联网，全面实现地质数据管理、数据处理、三维地质建模、成矿信息提取、定量化评价等功能；提供基于平台建模工具实现地质业务的个性化定制；能够与绝大多数同类地质信息化软件对接，通过提供丰富的接口实现数据共享和交换；可广泛应用于地质、勘探、资源评估、勘探设计等领域，全面实现一站式地质业务服务，让地质空间信息自由流动。地质大数据分析技术是地质云平台的核心功能，是在云平台基础上的地质大数据分析技术，通过云平台提供的强大的计算能力，实时交互海量地质数据，查询、分析、提炼各自需要的价值信息，以此获取更多智能的、深入的、有价值的信息。

地质云平台架构主要分为 3 部分：底层、管理层和服务层，分别作为数据存储，数据管理，和 web 服务等。底层为基础单元，提供了云平台的硬件资源，数据录入存储，以及桌面云；管理层作为数据调度的模块，对底层数据进行管理，以 BS 模式展示；服务层为用户提供数据与桌面云服务，数据的浏览、下载。

自从地质工作开展以来，国内各个数据生产单位已积累了大量的成果数据，建成了包括地球化学、矿产、地质等 10 多个大类的地质空间数据库，数据总量也已达到 TB 级，形成海量的空间基础数据。目前，国家依然在加强地质信息化工作的实施步伐，促进信息化领域的建设。目前，云计算主要集中于物流、通信、计算机等相关领域，对于地矿行业的应用相对薄弱。然而随着大数据时代的到来，数字地球也已发展到第二代“智慧地球”阶段，相关信息技术则涉及云计算、物联网、高性能计算等，并与强大而先进的网络体系密切相关。地质找矿应该从数字找矿发展为“智慧找矿”，在数据水平、信息技术和计算技术发展到一个新阶段后，借助于云计算技术将找矿依托的四大系统——地球动力学系统、成矿系统、勘查系统和人工智能专家系统无缝连接与融合，达到自动提取、分析、综合和评价 4 个系统与找矿有关联的数据、信息和知识，直至达到确认、圈定、评价成矿远景区、矿床乃至矿体的最终目标。2013 年 5 月，国土资源部地质信息技术重点实验室开始采用实验室基金形式初步开展大数据的相关研究。国内的一些企事业单位也采用面向服务的体系结构对多源、异构的地学数据集成与共享进行了深入的研究和探讨。

互联网、云计算、大数据正在改变地质调查工作模式。海量地质数据是有待开发的巨型仓库，需要挖掘其中蕴含的深层次的信息、内容、矿产等，从中找出有价值的知识、规律。而基于大数据处理分析的技术手段（如大数据分析、大数据集聚类分析、海云数据分析），有赖于大型的软硬件基础设施的支撑，基于 Hadoop 的解决方案为大数据存储和处理提供了经济、高效、高安全性和高可靠性的保障。

如果能够充分利用正在从海量走向大数据的地质领域数据，结合矿产资源评价、预测、勘探、开采等需求，采用云计算、数据仓库、UIS 等技术进行数据集成与应用，利用神经网络、聚类分析等数据挖掘方法进行分析，找出有价值的知识与规律，将为我国正在开展的找矿突破战略行动工作提供有效的信息支撑，促进信息“开采”，为将来找到野外真正的“富矿”打下知识基础。

第二节　云平台的搭建和应用

一、青葡萄科技地质云平台的搭建

首先，对现有的服务器设备进行梳理，在满足 Thinputer 硬件兼容性的服务器上安装 Thinputer OVP 系统，并为每台 OVP 主机配置好主机名、IP 地址、子网掩码、默认网关以及 DNS 服务器地址。对于不满足 Thinputer 硬件兼容性并闲置的服务器可配置成 iSCSI 或 nfs 存储，并将其加入到 OVP 主机存储中，以供使用。其次，选择一台 Thinputer OVP 主机，通过指定的 IP 地址、用户名(admin)和密码进入该主机。新建一个虚拟机，并为该虚拟机分配合适的 CPU、内存、网卡及硬盘资源。在该虚拟机中安装操作系统，完成后设置固定 IP 地址并载入 Thinputer OVD 安装文件，配置并完成 Thinputer OVD 的安装，以该虚拟机作为 OVD 服务器。最后，通过浏览器登录到 OVP 服务器，新建数据中心，新建群集，将 OVP 主机加入到相应的群集中，形成私有云资源池。整个实施过程如图 8-1 所示。

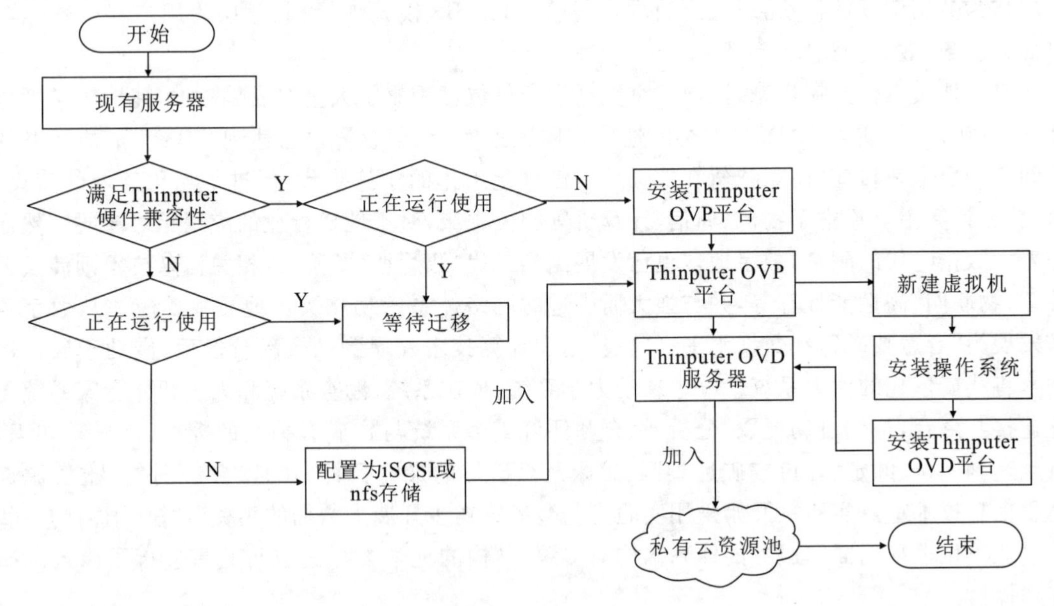

图 8-1　实施过程

本项目中，硬件服务器与虚拟机的配置信息如表8-1～表8-3所示。

表8-1　虚拟服务详情

型号	IP	机器名	操作系统
IBM X3755 M3	10.8.8.80	OVP1	Thinputer OVP 3.3
IBM X3650 M4	10.8.8.92	OVP2	Thinputer OVP 3.3
IBM X3650 M4	10.8.8.97	OVP3	Thinputer OVP 3.3

表8-2　云平台实施部署的主要阶段

角色	IP	虚拟机名称	操作系统	应用软件
管理中心	10.8.8.146	Thinputer OVD	Thinputer OVD 3.3	
宏观尺度国土空间信息系统	10.8.8.159	Windows 159	Windows Server 2008	MapGIS、MapGIS IGServer、PLSQL Developer
极地系统	10.8.8.91	Windows 91	Windows Server 2008	
…	…	…	…	

表8-3　云平台实施部署的主要阶段

序号	阶段	主要工作内容
1	前期准备	了解地质信息技术重点实验室机房现有服务器配置、网络、存储环境； 了解服务器利用率、应用程序列表、应用使用情况； 根据服务器使用现状，规划用于前期虚拟化的设备
2	构建资源池	规划构建计算资源池（物理服务器）； 规划构建网络资源池（IP地址规划）； 规划构建存储资源池（FC、iSCSI等）
3	构建虚拟化平台	构建Thinputer OVP主机； 构建Thinputer OVD配置资源池管理中心（Thinputer OVD3.3）
4	应用系统的迁移测试及实施	完成服务器虚拟化，配置管理中心，建立群集（cluster），然后将Thinputer OVP主机加入到群集中，构成云试验平台； V2V：将虚拟机（如Thinputer OVP中配置好的）迁移到资源池中； 手动迁移（在Thinputer OVP主机之间手动调整虚拟机运行的位置）

关于虚拟机的配置主要内容有虚拟机的创建、虚拟机模板建立以及虚拟机的自动创建等。

1.虚拟机的创建

就虚拟机本身而言就是一类文件系统（QCOW2＞，即由保存在存储上的一系列文件组成。在创建虚拟机时，要进行的工作主要有为虚拟机选择存储位置、指定虚拟机要使用。

2.虚拟机的全自动化安装配置

如果每次创建虚拟机时都花费时间在虚拟机编辑设置和安装客户机的操作系统上，无疑会浪费很多的时间。在Thinputer OVD管理中心，我们可以将创建好并完成操作系统安装的虚拟机生成为Thinputer OVD模板，并将模板文件以客户机操作系统的名称命名保存下来，然后在需要申请虚拟机时，进行自动地部署 Thinputer OVD 模板，指定模板文件，Thinputer OVD 中心就会自动完成虚拟机的所有配置。

3. 云试验平台中加入共享存储

现阶段搭建的云试验平台，加入群集的 Thinputer OVP 主机都挂载了大容量的硬盘，所有建立的虚拟机的文件都存放在 Thinputer OVP 主机的本地存储上，使得 Thinpuyter 很多高可用性功能不能实施。因此我们采用存储区域网络(Storage Area Network，SAN)集中存储方式(也可以使用 iSCSI 和 nfs 共享存储器)，这样可以将每个虚拟机的文件系统创建在共享的 SAN 集中存储阵列上，Thinputer OVP 虚拟机文件系统是一种高性能的群集文件系统，允许多个 Thinputer OVP 主机安装同时访问同一虚拟机存储。由于云平台中的虚拟机实际上是被封装成了一个档案文件和若干相关环境配置文件，通过将这些文件放在 SAN 存储阵列上的 VMFS 文件系统中，可以让不同服务器上的虚拟机都可以访问到该文件，从而能够消除单点故障。对于服务器虚拟化环境来说，光纤通道存储(FC)是比较传统的选择。但现在 iSCSI 和 NAS 的普及程度也越来越高，它们有更加突出的性价比。目前，可供选择的存储产品很多，如 NetApp，EMC 等。

二、地质云平台的主要优势

1. 个性化的应用服务

目前，云试验平台只是运用在对地质信息系统应用服务上，还未对员工的工作有什么实际帮助。如现在某个人使用什么软件，都需要在自己的计算机设备上安装及配置，而另一个人在需要使用同一软件时，又需要在自己的电脑上进行安装配置，这就造成了时间浪费。当某软件只能授权一个人使用时，也会给我们带来很大的工作难题。但桌面虚拟化技术的出现解决了这一难题，用户可以远程访问桌面系统，获得和 PC 机完全一致的体验。

桌面虚拟化技术实质上是将用户使用与系统管理进行了有效的分离。这样带来的直接好处就是用户对桌面的访问不需要被限制在具体设备、具体地点和具体时间。我们可以通过任何一种满足接入要求的设备来访问我们的桌面。这样，员工就可以不必在单位加班，而可以回家通过家里的设备访问单位的桌面，继续工作，并同时能够保证数据安全(因为只有图像传输到家里的设备上)。出差同样可以不必带电脑，而只要找到一个能上网的设备就可以使用自己的桌面。办公人员甚至可以通过手机以及平板电脑访问自己的桌面。Thinputer 虚拟桌面云是基于虚拟桌面架构(Virtual Desktop Infrastructure，VDI)提供的可远程访问的桌面，即服务器为每个用户分配一个虚拟机(安装 Windows XP，Windows 7 等桌面操作系统)，用户可以通过任何设备，在任何地点、任何时间远程访问自己的虚拟机，并可拥有独立、完全的桌面使用和控制权限，是服务器虚拟化向客户端的延伸，将传统 PC 机的运算和存储功能移植到服务器端完成，终端只保留最低的运算和显示功能，从而达到桌面使用的安全性和可管理性。

2. 方便拓展的开发系统

某些情况下，可能地质应用信息系统的开发测试环境的基础架构都比较复杂。因为在一个应用系统，只要有生产环境、开发环境和测试环境就会对基础设施提出 3 倍于原有的需求。而且构建起来相当繁琐。通过云平台解决方案，业务系统的开发人员、测试人员可以快速创建属于自己的测试开发环境。结合存储的功能，甚至可以将生产环境的某一时间的状态完全复制到测试环境中来，让开发人员在同生产环境完全一样的开发环境中精准开发。做到这些不需要云平台管理员参与，业务管理员可以在自助门户上独自完成。

3.灵活分配系统资源

通常情况下，不同的地质信息业务系统有不同的忙闲时间。因此可以将不同忙闲特性的业务系统虚拟机放置在一个主机上，利用时间差提高使用效能。通过云平台解决方案，完全可以根据实际的业务系统访问量，安全打开或关闭不同物理机上的虚拟机。并调用负载均衡器将业务负载正确地分配在不同的机器上。实现在空闲硬件范围内的完全自动化的扩展和收缩。这需要云平台同时管理着物理机、虚拟机、虚拟机里的业务应用以及负载均衡器等多个层次的业务系统。

第三节　MapGIS 云综合学习平台的构建

在当前高等教育的改革大潮中，MOOCs 教学、反转课堂等新型教学方式受到人们的青睐，成为目前研究的热点。如何通过在线学习系统，有效利用互联网、物联网、虚拟现实等技术，提高教学信息化水平，改善预习、讨论、复习，测验等学习环境，是推动当前教学改革的有效手段。随着课程种类和数量的急剧增加，计算机实验室在教学中的地位不断加强，教学任务日益繁重，功能日益增多，但由于计算机配置不统一，软件安装、维护任务重，现有的机房管理模式和技术已经无法适应教学改革的要求。实践表明，桌面云技术是提高机房效率的有效方法，特别在整合现有教学资源，提高资源共享度，加强教学互动等方面具有明显优势。本节结合 MapGIS 课程的教学改革，阐述了云计算背景下，桌面云背景下云学习平台的构建和实现过程，研究结果对 MapGIS 课程改革具有借鉴意义。

一、构建 MapGIS 在线学习平台的意义

作为一个专业化地质制图软件，MapGIS 是测绘工程、遥感科学与技术、地理信息科学、地球信息科学与技术等专业学生必修的一门核心课程。无论是地理信息系统的应用开发人员，还是不同领域的应用者，都需要学习掌握 MapGIS 的原理和操作。中国地质大学(武汉)资源学院、地球物理与空间信息学院、信息工程学院、经济管理学院以及工程学院的多个专业都开设了 MapGIS 的相关课程。这些课程正在成为一个集 MapGIS 理论和应用，涉及多个专业和方向的多角度、立体式的培养体系。图 8-2 显示了 MapGIS 课程体系结构，该体系包括 30 多门课程，涵盖理论教学、实验教学、专业训练、能力培养 4 个层次。

目前，中国地质大学(武汉)有两个 MapGIS 专业机房，此外多个面向全校的公共计算机房也安装了 MapGIS 软件。虽然，机房设备在规模和数量上满足了教学和科研的需要，但 MapGIS 实验教学仍然存在急需解决的问题，这主要表现在：①MapGIS 教学分属不同学院、不同专业，分别在各自学院独立完成，缺乏交流和沟通的机制和平台，严重影响 MapGIS 课程的教学和课程体系的发展。②加强实训教学是目前 MapGIS 的发展方向，这对已有实验教学提出了更高要求。中国地质大学(武汉)信息工程学院对此已经提出了相应的构思方案，而整合现有的 MapGIS 实验设备、集中分散的人力，还缺乏一个跨专业、跨院系的交流平台。③技术支持。MapGIS 是由中国地质大学(武汉)中地数码科技有限公司开发的软件，该公司负责软件的更新和维护。作为软件使用者，例如土地资源管理、遥感科学与技术、测绘工程、资源环境与城乡规划管理等专业，迫切需要了解 MapGIS 的未来发展，获得更多的技术支持。所以，构建

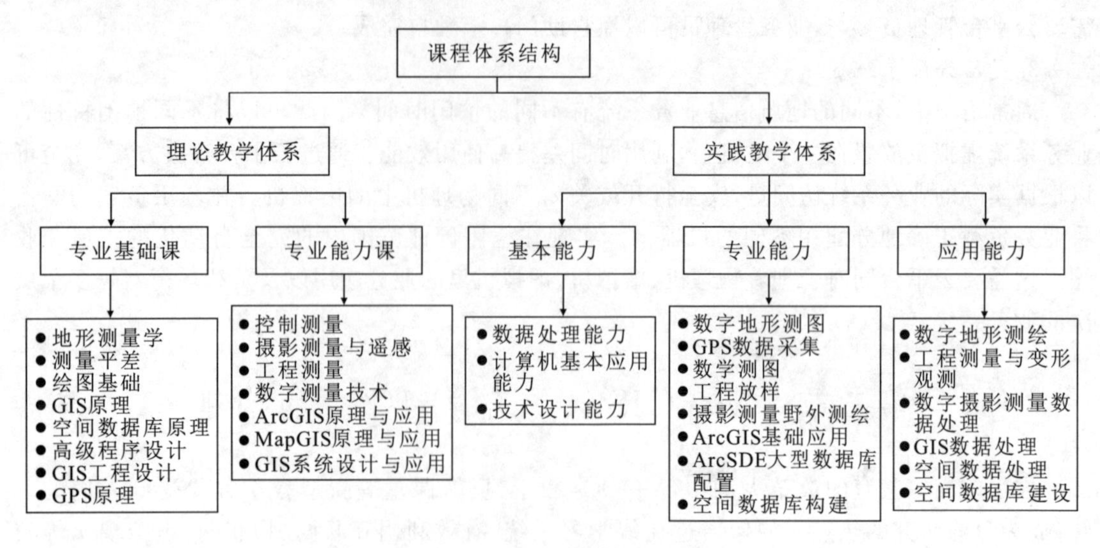

图 8-2　MapGIS 课程体系结构

校级的 MapGIS 在线学习平台，兼顾教学、科研，为全校多个院系的老师和同学服务，促进 MapGIS 学科群的深入发展，是一个理论和实际都有意义的工作。

二、MapGIS 在线学习平台的构建

基于青葡萄公司提供的技术，我们建设了 2 个桌面云机房，每个机房具有 100 个终端。这些技术和设备满足了相关专业 MapGIS 课程的教学、学习需要，同时也为 MapGIS 科研开发、教学交流、资源共享等深层次需求提供了可能。但遗憾的是由于缺乏基于服务器虚拟化技术的相关软件，桌面云技术在教学中的优势还没得到充分发挥，而开发 MapGIS 综合学习平台是改善这一现状的重要举措之一。

有鉴于此，我们结合在线学习平台的技术特点和教学需要，整合现有 MapGIS 课程体系的理论和实验内容，以强化师生互动交流为目的，以服务教师教学方法改革和学生自主学习为目标，构建了一个有机的在线学习系统，具体实现的平台如图 8-3 所示。

该系统具有以下优势。

(1)整合了已有的课程内容，构建不同专业方向的桌面系统。目前中心有 15 个公共计算机房，都在开设 MapGIS 课程，整合如此庞杂的课程内容，是一项困难的任务。如何根据专业分类和课程要求，整合相关需求，形成面向测绘工程、遥感科学与技术、地理信息科学、地球信息科学与技术等不同专业的 MapGIS 课程内容，是我们首先解决的问题。这既是一个技术问题，更是一个教学问题，我们拟和有关院校老师通力合作，开展相关的调研活动，共同完成这一任务。

(2)满足学生个性化需求，构建学生个性化的 MapGIS 学习模板。我们首先为学生提供一个标准模板，安装必要的软件，并向学生授权，让学生自由安装程序，配置系统，逐步形成自己的个性化系统，然后收集和整理这些模板，形成多个有代表性的桌面系统，供学生使用。

(3)通过虚拟桌面技术，合理调度服务器的资源，构建一个兼顾本科教学和教师科研的 MapGIS 桌面系统。教师的科研往往需要集中使用服务器的资源，需要优先调度分配相关资

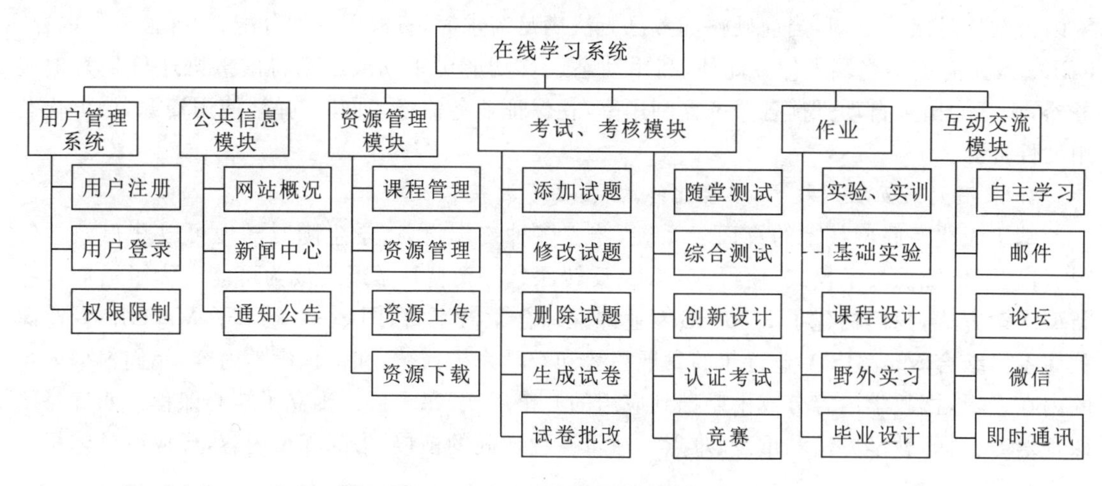

图 8-3　在线学习平台功能

源，利用虚拟桌面的技术优势，建立兼顾教学和科研的统一平台，是我们重点实现的目标。

(4)远程登录的认证和管理工作。虚拟桌面具有远程登录、自由认证等技术，基于这一技术，我们可以为学生和教师提供电子书包、移动备课、移动学习等功能。这为 MOOC 课程的实施和学生交流提供了可能。如何合理规划服务器资源，为师生提供这一功能也是我们研究的内容。

三、桌面云技术背景下 MapGIS 在线学习平台功能的实现

基于桌面云技术，构建的 MapGIS 在线学习平台功能可以通过以下方式实现。

1. 资源共享，数据统一管理，提高资源利用率

采用桌面云技术，改变了传统分布式机房管理模式，将操作系统和应用软件安装在 4 台服务器中，所有运算都由服务器集中完成，从而实现桌面环境的集成管理。老师或学生可以使用云终端、客户机、传统 PC 机或笔记本电脑等设备来访问虚拟机，方便学生的资源共享。此外，系统管理员根据教学和科研的需求，面向师生分配不同的虚拟机，动态分配教学资源，提高了资源的利用率。

2. 有效控制教学环节，促进师生互动交流

在线平台通过微信、论坛、邮件和即时通讯等多种方式，为师生课上以及课下的动态交流提供了友好环境。搭建的平台强化了师生之间互动，方便了教师开展课前预习、课后答疑等教学活动；学生在自主学习、课外活动中，也可以借助平台资源和讨论组及时获得辅导和帮助，提高学习效率。实践证明，这一平台在课程实习和课外活动中具有明显优势。

3. 采用资源优化技术，弹性调度软、硬件资源

桌面云是符合云计算的一种服务模式，可以使用户按需要定制桌面环境，集中化管理所有桌面，使用户通过客户端访问自己的桌面环境，并且采用多项技术提高服务器中软、硬件效率。其中，负载均衡，动态迁移和弹性升级保证了硬件资源合理调度使用，而系统的集中化管理、自动排课以及应用虚拟化技术将满足不同场景的需求，提高了设备的使用率。具体而言，我们可以利用云平台技术构建桌面云实验平台，即教育桌面云 E-VDI，全面整合课表和云端环境，实现桌面云智能化启动和关闭，实现不同的课程启动不同桌面，满足实验课的差异化需求。当系

统因为软件升级或更新，当前硬件配置已无法满足需求时，资源可弹性分配，如弹性升级内存、CPU 等，无需更换终端硬件。此外，利用动态迁移功能可手动或自动将虚拟机迁移到其他服务器，负载均衡可自动平衡各服务器利用率，在保证业务流畅的同时，弹性使用资源，最大化利用硬件资源。

4. 采用无线互联网技术，多样化终端，提高资源获取效率

基于无线互联网技术的桌面云系统，兼容多种终端设备，学生随时随地可以获得教学资源，打破了传统的教学模式，使得 MOOC、反转课堂等新型教学形式成为可能。为了适应这些新型教学方式，我们构建了 MapGIS 专业课程综合学习平台，图 8-4 显示了 MapGIS 专业课程体系。结合 MapGIS 专业近年的发展趋势和教学发展，整合和优化教学内容，我们根据内容的内在逻辑，把教学内容分成由基础到应用的 6 个层次，每个层次确立了核心课程。明确每门课程培养目标，教学方法和重点、难点。注重课程之间的衔接，去除冗余内容，形成科学体系。

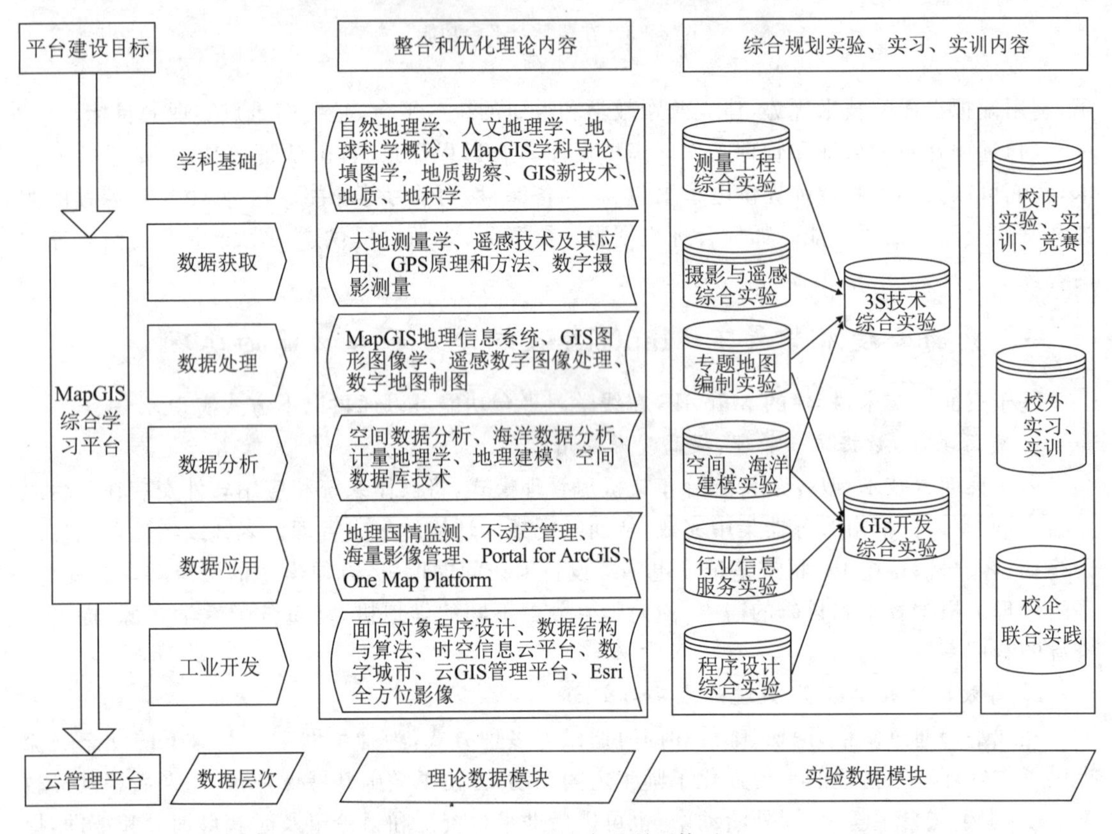

图 8-4　MapGIS 专业课程体系

其次，为了服务 MOOC、反转课堂的需求，我们注重实现教学形式多样化。每门课程提供视频教案、动画、预习辅导、参考资料等内容。

此外，MapGIS 是一个实践性很强的学科，改善学生实习条件和环境是提高教学的基础环境，教学平台的构建在强化实习的预习、辅导以及管理方面有明显效果。我们通过优化实习内容，综合规划了实验、实习、实训内容，充分发挥了平台的优势。我们将实习内容分成由基础到应用的 6 个层次，然后综合不同层次内容，形成 2 个综合实训实验，构成了一个包括校内实验、

校外实习、实训、企业基地等立体式实验基地。

5. 多样化内容体系，满足多种教学环节和活动需求

平台包括教师教学资源，实验资源，学生课外活动资源，创业资源，教育资源监控和分析模块等多层次、立体式的教学资源资料库，适应了现代教学发展。资料库具有以下功能：①为学习互动、资源共享提供一个信息发布和交流互动的行业门户。②自主学习。这个模块是整个共享平台中的核心之一，主要用于学员自主学习或者配合教师的“反转课堂”教学，辅助与教学相辅相成，互相依赖，内容主要是课程的“微课”资源，课件等。它包括视频、动画、PPT 等教学资源，学员登陆自主学习模块后，可以根据实际情况，自由检索学习资源，完成在线学习或反转课堂，还可以下载，充分自主地安排时间，以便学员空闲时方便学习（图 8－5）。③教学评价和互动功能。它分成网上作业系统和网上考试系统，两者都基于云计算技术。通过云平台、客户端，用户可以根据自身需求来设定作业系统和考试系统的功能，图 8－6 和图 8－7 显示了作业模块和考试模块的详细内容。④协助交流功能。通过平台、学院与学院、学院与企业，教师与教师、教师与学员之间的沟通交流成为零距离，促进了知识的传播与创新，促进了资源共享。这些沟通交流主要包括教学科研、课堂教学、学生活动等。通过这个协作互动平台，建立功能强大的内容与信息发布管理，为教学互动、数据共享提供一个门户。

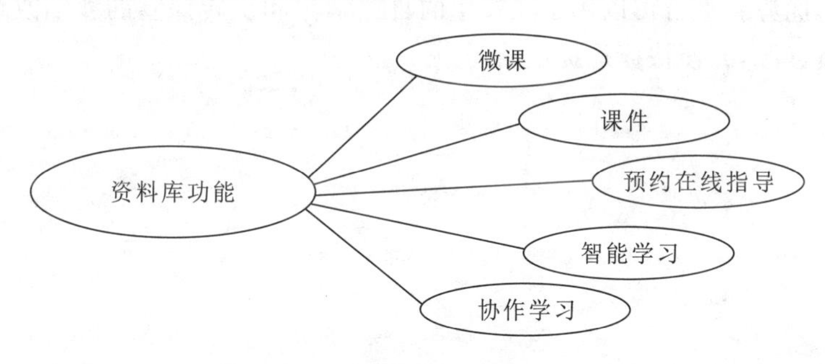

图 8－5　资料库交流模块

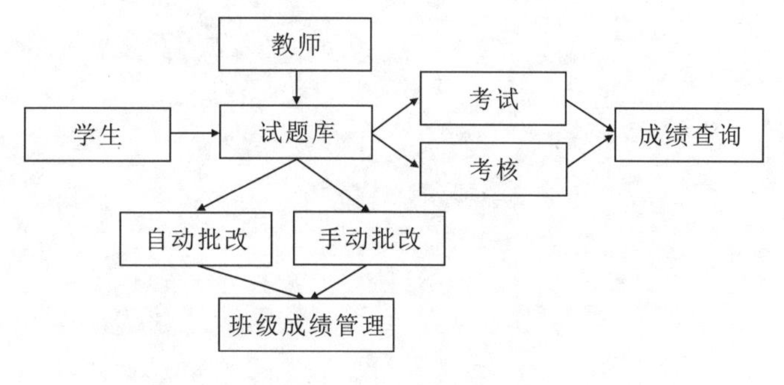

图 8－6　考试系统

四、展望

基于云技术概念，以 MapGIS 课程知识共享为导向，由多个院校合作共建了一个共享型的开放学习平台。经过 3 个学期的运行，系统面向多个学院开放，没有出现过死机或重启的故障，无论是公共机房的使用者和 MapGIS 专业的学习者都对虚拟桌面的方式表示满意，并且运

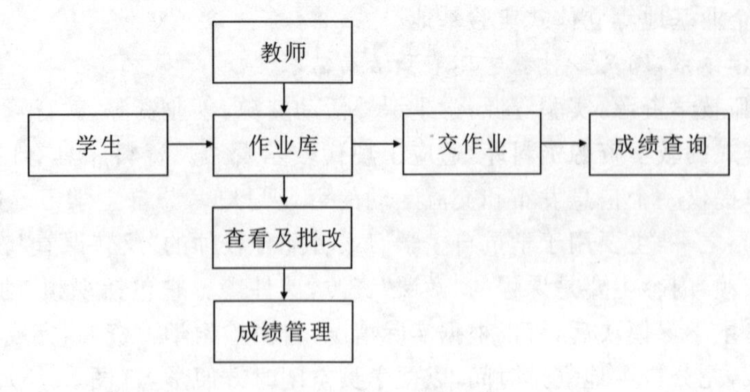

图 8-7 作业系统

行更加稳定和流畅。它能满足于不同使用者，提高了资源的利用率，减少了数据冗余，给使用者创造了一个平静舒适的在线平台环境。从管理员的管理维护效率来看，虚拟桌面可以进行统一的部署、维护和升级，减少了软硬件维护和管理的时间与成本，从而成倍提升 IT 运维效率。从服务教学的角度来看，这种机房在综合服务教学上能满足学生自主学习、加强学生互动方面具有潜在的优势。平台可以用于在校生的自主学习和反转课堂的教学改革需要，能够有效整合各种优质资源，方便快捷地提供给用户。

附录　本书专业术语一览

AMD	Advanced Micro Devices,美国超微半导体公司
API	Application Programming Interface,应用程序编程接口
BIOS	Basic Input Output System,基本输入输出系统
CCIF	Cloud Computing Interoperability Forum,互操作论坛
CDMI	Cloud Data Management Interface,云数据管理接口
Citrix	美国思杰公司
CPU	Central Processing Unit,中央处理器
CRM	Customer Relationship Management,客户关系管理
CSA	Cloud Security Alliance,云安全联盟
Dell	美国戴尔股份有限公司
DHCP	Dynamic Host Configuration Protocol,动态主机配置协议
DLL	Dynamic Link Library,动态链接库
DMA	Direct Memory Access,直接内存访问
DMTF	The Distributed Management Task Force,分布式管理任务组
DNS	Domain Name System,域名系统
Facebook	美国脸谱公司
FIFO	First Input First Output,先入先出队列
FTP	File Transfer Protocol,文件传输协议
Gartner	美国高德纳咨询公司
GLX	OpenGL Extension to the X Window System, X的扩展协议
Google	美国谷歌公司
GPU	Graphic Processing Unit,图形处理器
HBA	Host Bus Adapter,主机总线适配器
HDE	High Definition Experience,高清使用体验
HP	美国惠普公司
HTML5	Hyper Text Markup Language 5,超文本标记语言
HTTP	Hyper Text Transfer Protocol,超文本传输协议
HTTPS	Hyper Text Transfer Protocol over Secure Socket Layer,是以安全为目标的HTTP通道
IaaS	Infrastructure as a Service,基础设施即服务层
ICA	Independent Computing Architecture,独立计算体系结构
ICFG	Cloud Computing Focus Group,云计算焦点组
IE	Internet Explorer,IE浏览器
IEEE	Institute of Electrical and Electronics Engineers,电气和电子工程师协会

IETF	The Internet Engineering Task Force,国际互联网工程任务组
IBM	International Business Machine Corporation 美国国际商业机器公司
Intel	Intel Corporation 美国英特尔公司
IPTV	Internet Protocol Television,交互式网络电视
IPX	Internetwork Packet Exchange protocol,互联网数据包交换协议
iSCSI	Internet Small Computer System Interface,Internet 小型计算机系统接口
ISO	Isolation,镜像文件格式
IT	Information Technology,信息技术
ITU	International Telecommunication Union,国际电信联盟
I/O	Input/Output,输入/输出
JVM	Java Virtual Machine,Java 虚拟机
KVM	Kernel-based Virtual Machine,内核虚拟机
LAN	Local Area Network,局域网
LPAR	Logical partition,逻辑分区
LUN	Logical Unit Number,逻辑单元号
Microsoft	美国微软公司
MKS	Mouse-Keyboard-Screen,键盘鼠标屏幕
MVP	Mobile Virtualization Platform,移动虚拟化平台
NAS	Network Attached Server,网络接入服务器
NetBEUI	NetBios Enhanced User Interface, NetBios 增强用户接口
NIST	National Institute of Standards and Technology,美国国家标准技术研究院
Novell	美国诺勒有限公司
OA	Office Automation,办公自动化
OCC	Output Circuit Check,输出线路检查
OGF	Open Grid Forum,开放网格论坛
OPENGL	Open Graphics Library,开放图形库
OVD	Overall Virtualization Desktop,统一虚拟化桌面
OVF	Open Virtualization Format,开放虚拟接口格式
OVP	Overall Virtualization Platform,统一虚拟化平台
P2V	Physical to Virtual,物理到虚拟
PaaS	Platform as a Service,平台即服务层
PCoIP	PCoverIP,VMware 私有显示协议
QEMU	Quick EMUlator,快速仿真
QoS	Quality of Service,服务质量
RAID	Redundant Arrays of Independent Disks,磁盘阵列
RDP	Remote Desktop Protocol,传输协议
RFB	Remote Frame Buffer,远程帧缓冲区
RISC	Reduced Instruction Set Computer,指令集计算机
SaaS	Software as a Service,软件即服务层

SAN	Storage Area Network and SAN Protocols,存储区域网络
SBC	Server-Based Computing,服务器计算
SLA	Service Level Agreement,服务水平协议
Red Hat	美国红帽公司
SCSI	Small Computer System Interface,小型计算机系统接口
SMB	Server Message Block,服务信息模块
SMP	Symmetric Multi-Processing,对称多处理结构
SNIA	Storage Networking Industry Association,存储网络协会
SOA	Service-Oriented Architecture,面向服务的体系结构
SPICE	Simple Protocol for Independent Computing Environments,传输协议
SPEP	Sequenced Packet Exchange Protocol,序列分组交换协议
SSD	Solid State Drives,固态硬盘
STP	Spanning Tree Protocol,生成树协议
Sun	Stanford University Network,美国太阳计算机公司
TCP	Transmission Control Protocol,传输控制协议
TFTP	Trivial File Transfer Protocol,文件传输协议
Thinputer	中国青葡萄科技有限公司
UCI	Unified Cloud Interface,统一的云计算接口。
USB	Universal Serial Bus,通用串行总线
VDI	Virtual Desktop Infrastructure,虚拟桌面基础架构
VESA	Video Electronics Standards Association,视频电子标准协会
VGA	Video Graphics Array,视频传输标准
VLAN	Virtual Local Area Network,虚拟局域网
VMM	Virtual Machine Monitor,虚拟机监控
VMware	美国威睿公司
VMX	Virtual Machine eXtension,虚拟机扩展
VNC	Virtual Network Computer,虚拟网络计算机
VPN	Virtual Private Network,虚拟专用网络
WAN	Wide Area Network,广域网
VT-d	Intel Virtualization Technology for Directed I/O,英特尔虚拟化技术

主要参考文献

陈臻栋.从安全性方面看桌面虚拟化技术[J].计算机安全,2011(5):83－85.
崔泽永,赵会群.基于 KVM 的虚拟化研究及应用[J].计算机技术与发展,2011,21(6):108－111.
邓倩妮,陈全.云计算及其关键技术[J].2009,26(1):2－6.
丁圣阁.基于 KVM 半虚拟化设备模型的客户机域间通信性能优化[D].上海:上海交通大学,2012:45－105.
董众.基于虚拟化技术的实验教学中心环境构建[J].实验技术与管理,2011,28(3):209－302.
冯登国,张敏,张妍.云计算安全研究[J].软件学报.2011,22(1):71－83.
冯磊.浅谈桌面虚拟化技术在图书馆中的应用前景[J].晋图学刊,2011(1):38－40.
高枫,刘洋.浅谈"云计算"[J].电脑知识与技术,2010,6(33):9454－9456.
高清华.基于 Intel VT 技术的虚拟化系统性能测试研究[D].杭州:浙江大学,2008:37－39.
高巍.国际云计算标准化状况[J].电信网技术.2010(11):27－30.
郝俊京,孙义,肖展业.服务动态部署系统[J].计算机应用,2003,11:146－148.
何家俊,廖鸿裕,陈文智.Kernel 虚拟机的 3D 图形加速方法[J].计算机工程,2010,36(16):251－253.
贾斌,吴永娟,何进.基于电信运营商桌面虚拟化系统的安全性分析与研究[J].计算机科学,2012,39(10):239－242.
姜昌金,陶桦,黄琦.桌面虚拟化技术在校园网环境的应用[J].实验技术与管理,2011,28(5):103－105.
孔亮,季坤.高职院校机房管理中的虚拟化平台[J].电脑知识与技术,2010,6(27):7460－7462.
李勇,郭玉东,王晓睿.基于 EPT 的内存虚拟化研究与实现[J].计算机工程与设计,2010,31(18):4101－4104.
梁富伟.Hyper-V 技术在高职院校实验实训教学环境中的应用研究[J].电脑知识与技术,2012(32):7762－7766.
廖小飞.桌面的挑战:回溯从前[J].中国教育网络,2010(4):10－12.
林利,石文昌.构建云计算平台的开源软件综述[J].计算机科学,2012,39(11):1－28.
罗军舟,金嘉晖,宋爱波.云计算:体系架构与关键技术[J].2011,32(7):3－21.
孟江涛,卢显良.虚拟机监控器 Xen 的可靠性优化[J].计算机应用,2014,30(9):2358－2361.
潘松柏,张云勇,陈清金.桌面虚拟化研究及应用[J].电信网技术,2011,5(5):5－8.
阮建华.桌面虚拟技术在高校实验机房中的应用[J].福建商业高等专科学校学报,2012(2):101－108.
佘昌莲.桌面虚拟化在涉密网内的应用研究[J].计算机与网络,2012,38(16):71－74.
石磊,邹德清,金海.Xen 虚拟化技术[M].武汉:华中科技大学出版社,2009:1－32.
孙宇,陈煜欣.桌面虚拟化及其安全技术研究[J].信息安全与通信保密,2012(6):87－88.
汪文彬.高校数据中心服务器虚拟化研究及应用[D].杭州:浙江工业大学,2013:24－101.
王淑红,刘晓辉.Microsoft 虚拟化应用指南宝典[M].北京:中国铁道出版社,2009:730－768.
王总辉,史梳酥,陈文智.基于虚拟化硬件 3D 图形加速的渲染云框架[J].电信科学,2012,28(10):73－79.
温研,刘波,王怀民.基于本地虚拟化技术的安全虚拟执行环境[J].计算机工程与科学,2008,30(4):1－4.
徐恭旭.基于 PXE 的无盘工作站在校园中的建设应用[J].软件,2012,33(12):26－27.
徐燕宾.瘦客户机在图书馆网络系统中的应用分析[J].河南图书馆学刊,2010,30(4):72－73.
杨培.虚拟桌面管理的研究及应用[D].南京:南京理工大学,2012:18－19.
英特尔开源软件技术中心,复旦大学并行处理研究所.系统虚拟化:原理与实现[M].北京:清华大学出版社,

2009:109-110.

张彬彬,汪小林,杨亮.修改客户操作系统优化KVM虚拟机的I/O性能[J].计算机学报,2010,33(12):2312-2320.

张为民,唐剑峰,罗治国.云计算深刻改变未来[M].北京:科学出版社,2009:34-52.

郑湃,崔立真,王海洋.云计算环境下面向数据密集型应用的数据布局策略与方法[J].计算机学报,2010(8):1472-1480.

郑志勇,吕远大,王毅.虚拟桌面系统应用安全性分析与对策[J].网络安全技术与应用,2012(10):50-52.

IBM虚拟化与云计算小组.虚拟化与云计算[M].北京:电子工业出版社,2009:26-53,106-136.

Abramson D, Jackson J, Muthrasanallur S, et al. Intel Virtualization Technology for Directed I/O[J]. Intel Technology Journal, 2006, 10(3): 179-192.

Adams K, Agesen O. A Comparison of Software and Hardware Techniques for x86 Virtualization[J]. ACM SIGPLAN Notices, 2006, 41(11): 2-13.

Amd. AMD64 Vrtualization Codenamed "pacifica" Technology: Secure Virtual Machine Architecture Reference Manual[Z]. 2005: 2-6.

Andr H, Lagar-Cavilla S, Whitney J A, et al. Snow Flock: virtual machine cloning as a first-class cloud primitive [J]. ACM Transactions on Computer Systems, 2011, 29(1): 1-45.

Andrew Whitaker, Marianne Shaw, Steven D Gribble. Scale and Performance in the Denali Isolation Kernel[J]. ACM SIGOPS Operating Systems Review, 2002, 36: 195-209.

Andrew Whitaker, Marianne Shaw, Steven D. Scale and Performance in the Denali Isolation Kernel[J]. ACM SIGOPS Operating Systems Review, 2002, 36: 195-209.

Boukerche A, Zarrad A, Araujo R B. A Cross-Layer Approach-Based Gnutella for Collaborative Virtual Environments over Mobile Ad Hoc Networks [J]. Parallel and Distributed systems, IEEE Transactions on, 2010, 21(7): 911-924.

Buck I, Foley T, Horn D, et al. Brook for GPUs: Stream computing on graphics hardware[J]. ACM Transactions on Graphics, 2004, 23(3): 777-786.

Chang F, Dean J, Ghemawat S, et al. Bigtable: a distributed storage system for structured data[J]. ACM Transactions on Computer Systems, 2008, 26(2): 1-26.

Greenberg A, Hamilton J, Maltz D A, et al. The cost of a cloud: research problems in data center networks[J]. Sigcomm Computer Communication Review, 2008, 39: 68-73.

Gum P H. System/370 Extended Architecture: Facilities for Virtual Machines[J]. IBM Journal of Research and Development, 1983, 27(6): 530-544.

J L Henning. SPEC CPU2000: measuring CPU performance in the New Millennium[J]. IEEE Computer Society, 2000, 33: 28-35.

Jeff Dike. A user-mode port of the Linux kernel[J]. Proceedings of the 4th Conference on 4th Annual Linux Showcase&Conference, 2000, 4: 1-11.

Kivity A, Kamay Y, Laor D, et al. kvm: the Linux Virtual Machine Monitor[C]//Proceedings of the Linux Symposium ume One. Ottawa, Canada, 2007, 7: 225-230.

Mark W R, Glanville S, Akeley K, et al. Cg: A system for programming graphics hardware in a C-like language [C]//ACM Transactions on Graphics, 2003, 22(3): 896-907.

Mc Cool M, Toit S D, Popa T, et al. Shader algebra[J]. ACM Transactions on Graphics, 2004, 23(3): 787-795.

Michael Vrable, Justin Ma, Jay Chen, et al. Scalability, fidelity, and containment in the Potemkin virtual honeyfarm[J]. ACM SIGOPS Operating Systems Review, 2005, 39(5): 148-162.

Milojicic D, Wolski R. Eucalyptus: delivering a private cloud[J]. Computer. 2011, 44(4): 102-104.

Moretti C, Bui H, Hollingsworth K, et al. All-pairs: an abstraction for data-intensive computing on campus grids[J]. IEEE Transactions on Parallel and Distributed Systems, 2010, 21: 33 - 46.

Neiger G, Santoni A, Leung F, et al. Intel Virtualization Technology: Hardware Support for Efficient Processor Virtualization[J]. Intel Technology Journal, 2006, 10(3): 167 - 178.

Pike R, Dorward S, Griesemer R, et al. Interpreting the Data: Parallel Analysis with Sawzall[J]. Scientific Programming Journal, 2005, 13(4): 227 - 298.

Popek G J, Goldberg R P. Formal requirements for virtualizable third generation architectures[J]. Communications of the ACM, 1974, 17(7): 412 - 421.

R Uhlig, G Neiger, D Rodgers, et al. Intel Virtualization Technology[J]. IEEE Computer Society, 2005, 38: 48 - 56.

Rosenblum M, Garfinkel T. Virtual machine monitors: Current technology and future trends[J]. IEEE Computer, 2005, 38(5): 39 - 47.

Seawright L H, Mackinnon R A. VM/370: a study of multiplicity and usefulness[J]. IBM System Journal. 1979, 18(1): 4 - 17.

Shi L, Chen H, Sun J, et al. v CUDA: GPU-accelerated High-performance Computing in Virtual Machines[C]// IEEE Transactions on Computers, 2009, 61(6): 804 - 816.

Starosolski R. Simple Fast and Adaptive Lossless Image Compression Algorithm[J]. Software: Practice and Experience, 2007, 37(1): 65 - 91.

Storer J A, Szymanski T G. Data compression via textual substitution[J]. Journal of the ACM, 1982, 29(4): 928 - 951.

Tian T, Luo J, Wu Z. A replica replacement algorithm based on value-cost prediction[J]. Lecture Notes in Computer Science, 2008: 365 - 373.

Uhlig R, Neiger G, Rodgers D, et al. Intel virtualization technology[J]. Computer, 2005, 38(5): 48 - 56.

Xue Haifeng, Qing Sihan, Zhang Huanguo. XEN Virtual Machine Technology and Its Security Analysis[J]. Wuhan University Journal of Natural Sciences, 2007, 12(1): 159 - 162.

Zhou J, Luo J, Song A. NETOP: a non-cooperative game based topology optimization model towards improving search performance[J]. Journal of Internet Technology, 12(3): 477 - 490.

Ziv J, Lempel A. A universal algorithm for sequential data compression[J]. IEEE Transactions on Information Theory, 1977, 23(3): 337 - 343.

Ziv J, Lempel A. Compression of individual sequences via variable-rate coding[J]. IEEE Transactions on Information Theory, 1978, 24(5): 530 - 536.